中国农业科学院科普系列丛书

寸土寸金
深情呼唤

◎ 高 粱 编著

U0272293

中国农业科学技术出版社

图书在版编目（CIP）数据

寸土寸金，深情呼唤/高粱编著. —北京：中国农业科学技术出版社，2011.10
ISBN 978-7-5116-0787-4

Ⅰ.①寸…　Ⅱ.①高…　Ⅲ.① 农业技术—普及读物　Ⅳ.①S—49

中国版本图书馆 CIP 数据核字（2011）第 275946 号

责任编辑　穆玉红
责任校对　贾晓红　郭苗苗

出 版 者　中国农业科学技术出版社
　　　　　北京市中关村南大街 12 号　邮编：100081
电　　话　（010）82106626（编辑室）（010）82109703（发行部）
　　　　　（010）82109704（读者服务部）
传　　真　（010）82109707
网　　址　http:// www.castp.cn
经 销 者　新华书店北京发行所
印 刷 者　北京富泰印刷有限责任公司
开　　本　787 mm×1 092 mm　1/16
印　　张　9.75
字　　数　120 千字
版　　次　2011 年 10 月第一版　2011 年 10 月第一次印刷
定　　价　30.00 元

本书内容提要

　　这是一部颇具特色的图书，书中以全新角度，提出并论证了"没有不良的土地，只有不良的土地管理和不良的土地利用方法"这一论点，呼唤着人们保护珍贵的土地，因为土地是人类赖以生存的源泉。要严格保护土地要合理利用每寸土地，维护好每寸土地，为人类营造良好的生态环境和取得丰盛的农林牧业产品，为人民的美好生活做贡献。书中对有关的基础概念、名词术语的科学内涵及有关新的知识领域进展变化的情况，包括对宇宙的科学看法等作了扼要的论述，其中有作者的创新理论观点及建议，对爱护寸土寸金之地和保护自然资源及生态环境、保护人类的家园地球，提出了合理的建议和深情的呼唤，为人们提供了保护与合理利用土地、珍惜与合理利用自然资源、保护生态环境等的重要信息及可贵的参考资料。

　　本书可供有关专业学科工作者、大中专学生、教师，行政干部和党务工作者，广大的公务人员，工人，农民和乡镇企业工作人员等有用的科技文化读物。

前　言

　　这是一部有关自然生态和环境保护的书，书中具有若干真知卓见，在实践中可取得经济、社会和生态等效益，书中论证了没有不良的土地，而只有不良的土地管理和不良的利用土地的方法等，从这一新颖的论点出发，可以说每寸土地比寸金还要贵重，因为土地是人类赖以生存的源泉，要认真保护每一寸土地，尤其要严格保护耕地，合理利用每一寸土地，维护好每一寸土地，保护、修复与营造良好的生态环境，取得丰盛的农林牧业产品，为人类美好的生活做贡献。

　　胡锦涛总书记在中国共产党第十七次全国代表大会的报告中提出："经济保持平稳快速发展，国内生产总值年均增长百分之十以上，经济效益明显提高，财政收入连年显著增加，物价基本稳定。社会主义新农村建设扎实推进，区域发展协调性增强。创新型国家建设进展良好，自主创新能力较大提高。""能源资源节约和生态环境保护取得新进展。'十五'计划胜利完成，'十一五'规划进展顺利。"[1]在党的正确领导下，我国的各项工作，都取得了巨大成绩。同时，党的十七大报告中也指出："经济增长的资源环境代价过大；城乡、区域、经济社会发展仍然不平衡；农业稳定发展和农民持续增收难度加大；劳动就业、社会保障、收入分配、教育卫生、居民住房、安全生产、司法和社会治安等方面关系群众切身利益的问题仍然较多，部分低收入群众生活比较困难；思想道德建设有待加强；党的执政能力同新形势新任务不完全适应"[1]等，给我们指明了前进中面临的困难和问题。在党中央的领导下，这些困难和问题，正在逐步克服和解决。我们一定要高举中国特色社会主义伟大旗帜，以马克思列宁主义、毛泽东思想、邓小平理论和"三个代表"重要思想为指导，深入贯彻落实科学发展观，坚持节约资源和保护环境的基本国策，将建设资源节约型、环境友好型社会放在工业化、现代化发展战略的突出位置，并落实到每个单位及每个家庭。要加快形成可持续发展体制机制，节能、减排，发展清洁能源和可再生能源，提高能源资源利用效率，加强对水、大气、土壤等自然生态的污染防治，加强对农田、水利、林业、草原的建设和对荒漠化、石漠化的治理，进行生态修复，加强应对气候变化能力建设，进一步改善城乡人居环境等。

"民以食为天，食以土为本。"土地是养育人类的母亲，土地不存，人将安附？"土地是万物生存之源，是立国富民之本，土地承载着我们共同的家园，承载着我们的过去、现在和未来。爱国就要爱土地。中国古代一直把社稷（原意为土神和谷神）作为国家的代称。每一寸土地都是国家政权的象征。"[2] 所有这些，都说明了土地的极端重要性，我们一定要保护好土地，保护好我们的家园。我国通过实施改革开放政策，调动了亿万农民的生产积极性，实现了主要农产品供应总量基本平衡，丰年有余，依靠自己的努力成功解决了我国 13 亿人口的温饱问题。2008 年全年粮食总产量达到 52 850 万吨，比上年增产 2 690 万吨，增长 5.4%，实现了粮食连续 5 年增产[3]。2009 年全年粮食总产量达到 53 082 万吨，再创历史新高，实现了连续 6 年增产[101][102]。我国谷物、棉花、肉类、禽蛋、水果、水产品等农产品的产量均居世界首位。2008 年全年我国国内生产总值达到人民币 300 670 亿元，比上年增长 9.0%[4]。从 2007 年起，中国大陆的经济总量就已经超出德国，跃居世界第三位[5]。2009 年我国经济增长率仍在世界上遥遥领先，不出几年，我国经济规模将超过日本，仅次于美国，国际地位还将会有新的提升[5]。据国际货币基金组织的数字，1979 年中国改革开放之初，国内生产总值还不及 2007 年的 1/10；经过 30 年改革开放后，中国人民的生活水平已经有了质的提高；中国已经作为具有重要世界影响力的大国，出现在国际舞台[5]。

但是我们应清醒地看到，我国经济社会发展存在着一些突出的矛盾和

问题，产业结构不合理，发展方式粗放和结构性矛盾仍然突出，自主创新能力还不强，人口、资源、环境对经济发展的压力越来越大，生态环境总体恶化的趋势尚未根本扭转，环境治理的任务仍相当艰巨，大江大河防洪体系尚不完善，农村基础设施比较薄弱，消耗高、资源浪费、污染环境等粗放经营方式还比较严重。我国人口多，资源人均占有量少，不可再生资源储和可用量不断减少的趋势难以改变，可持续发展的压力越来越大。保持农业稳定发展、农民持续增收难度加大，安全生产和食品药品质量安全形势严峻等[6][7]。我国的人均水资源仅为世界人均水资源的近1/4，人均耕地面积仅约占世界人均耕地面积的1/3左右；人均占有的土地资源面积，只相当于世界人均占有土地资源面积的1/3，我国地大物博，但人口众多，导致土地资源等的占有量相当低，已经显著低于世界人均的占有水平；我国的人均GDP水平，目前尚排在世界100位之后[12]；而且我国有自然灾害频发的问题，还有不少土地需要改良、保护和修复等[8][9][10][11]。在本书的一些章节中，我们还将专门讲到有关内容。我们要牢记，一定要按照科学发展观的要求，立足当前，着眼长远，坚持用改革和发展的办法，坚持依靠科技进步和创新，抓紧解决这些问题[7]。"科学发展观，第一要义是发展，核心是以人为本，基本要求是全国协调可持续，根本方法是统筹兼顾。"[1]我们要全面把握科学发展观的科学内涵和精神实质，增强贯彻落实科学发展观的自觉性和坚定性，解决前进中影响和制约科学发展的一系列突出问题，将科学发展观贯彻落实到经济社会发展的各个方面[1]。我们面临的各种突出的社会问题，都能够得以解决，前景无限美好。书中深情呼唤了我们面临的经济建设和生活中需要认真解决的重要问题，是具有重要参考价值的。

此书是作者数十载从事环境保护、土壤与农业丰收等工作实践中的体会，通过介绍和论述土地以及相关领域有关的科学知识及其近期进展的情况，将保护好土地需要综合涉及到的知识，努力做到深入浅出、通俗易懂地表述，奉献作者的爱心，奉献优秀的科学技术和科普图书，使读者喜闻乐见。我们要按照胡锦涛总书记的谆谆教诲："要把宣传和普及科学发展观作为科学普及工作的重要内容，在全社会大力普及以人为本，全面、协调、可持续发展的概念和知识，使广大干部群众牢固树立正确的生产观和生活观，树立节约资源的意识、保护环境的意识、保护生物多样性的意识。"[7]让我们共同保护自然环境，保护、维护和改善祖国的生态环境，热爱祖国，热爱祖国的每一寸土地和每一寸水域、海疆与领空，严格地养护耕地，以期获得农业的连年丰收；同时，力所能及地帮助世界人民。尊敬的读者们，让我们互相鼓励，努力工作，携手前进，世界的未来，一定是无限美好的。

作者：高　粱

2011 年 10 月 31 日

目　录

下篇：寸土寸金　同生共长

上篇：蔚蓝星球　伟大祖国

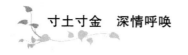

第一节　美好的祖国

在世界东方，屹立着一个伟大、广袤、富饶的国家，这就是我们亲爱的祖国——中国。中国地处亚洲东部，太平洋西岸，领土面积约960万平方千米，约等于全球陆地面积的1/15，仅次于俄罗斯和加拿大，居世界第3位[13]。我国领土北起漠河以北黑龙江主航道，南至南海曾母暗沙，长约5 500千米，跨纬度50度左右，南北地跨寒温带、中温带、暖湿带、北亚热带、中亚热带、南亚热带、热带等不同的温度带，适于多种作物生长，物产富饶[14]；西起帕米尔高原、东至黑龙江与乌苏里江汇合处，宽约5 200千米，跨经度60度以上，从沿海到内陆，有湿润、半干旱及干旱等不同的自然地区。我国自然环境复杂，气候类型多样，东部为季风气候，冬季寒冷干燥，夏季湿热多雨；我国西北部为大陆干旱、半干旱气候，降水稀少；我国青藏高原为高寒气候[15]。我国辽阔广袤的国土，气候类型多种多样，所以作物种类更加繁多，物产也更为丰饶。我国的国土面积约为1 260多万平方千米。我国的领海面积，即我国管辖的海域面积约为300余万平方千米，包括渤海（内海）、黄海、东海、南海，按《联合国海洋法公约》的规定，我国领海还包括沿海12海里领海、毗连区和200海里专属经济区、大陆架等；我国陆地疆界长2万多千米，接壤的邻国东为朝鲜，北为俄罗斯、蒙古，西北为哈萨克斯坦、吉尔吉斯斯坦，西为塔吉克斯坦、阿富汗、巴基斯坦，西南为印度、尼泊尔、不丹，南为缅甸、老挝、越南。我国的大陆海岸线长1.8万余千米，与日本、韩国、菲律宾、马来西亚、印度尼西亚、文莱等国隔海相望[14][15]。我国是世界上邻国最多的国家。我国也是世界上岛屿较多的国家，500平方米以上的岛屿有6 536个，其中台湾岛最大，海南岛是我国第二大岛，长江口的崇明岛是我国第三大岛[13][16]；我国海岛的海岸线总长约为1.4万余千米[17]，也就是说，我国海岸线总长（包括大陆海岸线长和海岛海岸线长）共约为3万2千多千米[17]。

在祖国辽阔的土地上，平原和盆地约占全国陆地面积的1/3，丘陵、山地约占2/3，千差万别的自然条件，提供了极为丰富多样的生物和土壤等资源[14]。我国各类地形占全国总土地面积的百分比为：山地33%、高原26%、丘陵10%、盆地19%、平原12%[13]；我国地势西部高、东部低，总体呈三级阶梯状。第一级阶梯为青藏高原，平均海拔4千米以上，有昆仑山、唐古拉山、冈底斯山、喀喇昆仑山等，其南缘的喜马拉雅山是世界最高大的山脉，珠穆朗玛峰海拔8 844.43米，是世界第一高峰[15]。第二级阶梯在青藏高原北缘和东缘与大兴安岭——太行山——巫山——雪峰山一线之间，有海拔1~2千米的云贵高原、黄土高原、内蒙古高原和沙漠广布的塔里木盆地、草原宽广的准噶尔盆地，及海拔低于500米的四川盆地等，有天山、阿尔泰山、秦岭、阴山、贺兰山等，新疆天山山地中的吐鲁番盆地最低点（–155米），是我国陆地最低的地方，也是世界著名的洼地之一[13][15]。大兴安岭、太行山、巫山和云贵高原东缘一线以东，为第三级阶梯，有海拔200米以下的东北平原、华北平原、长江中下游平原和海拔1 000米以下的丘陵地带，有南岭、大兴安岭、长白山、台湾山脉等[13][15]。

我国江河众多，流域面积超过1 000平方千米的河流有1 500余条，大多为顺地势向东或东南流入太平洋，属太平洋水系，主要有长江、黄河、黑龙江、珠江、辽河、海河、淮河、钱塘江、澜沧江等。怒江、雅鲁藏布江受地势影响，向南出国境后流入印度洋，属印度洋水系。新疆西北部的额尔齐斯河属北冰洋水系。我国这些注入各大洋的河流，称为外流河，外流区域约占全国面积的2/3，主要在我国东部和南部。在外流河中，发源于青海省唐古拉山北麓的长江，干流长6 300千米，是我国第一大河（也是世界第三长河）[13][15]。发源于青海省巴颜喀拉山北麓的黄河，是我国第二长河，黄河干流长5 464千米。淮河发源于河南省桐柏山区，是我国地理上的重要分界线。内流区域分布于我国西部和北部，新疆的塔里木河，全长2 179千米，是国内最长的内流河。京杭大运河北起北京，南达杭州，全长1 800余千米，沟通海河、黄河、淮河、长江、钱塘江五大水系，是世界上最长的运河。我国湖泊众多，外流区域湖泊为淡水湖，内流区域多为咸水湖；长江中下游平原和青藏高原是我国湖泊最多的两个地区，长江中下游平原主要有鄱阳湖、洞庭湖、太湖、洪泽湖、高邮湖；青藏高原咸水湖众多，其中，青海湖是我国最大的咸水湖，纳木错湖是世界海拔最高的大湖[13][15]。

我国矿藏种类齐全，矿产自给程度较高[15]。我国水资源中，河流年总径流量达2.7亿多立方米，水力蕴藏量6.8亿千瓦，居世界前列。我国地形复杂，各地距海洋远近差异很大，气候复杂多样，年平均降水量从东南沿海的1 500毫米以上，逐渐向内陆递减，到西北部年平均降水量只约有50毫米左右，降水稀少[13]。

我国辽阔的领土，陆地总面积约960万平方千米，合9.6亿公顷，而全世界陆地总面积约为1.49亿平方千米，合149亿公顷，也就是说，我国的陆地面积约占全球陆地面积的6.44%（即约占1/15）[10][11][19][20]；在我国的土地资源中，根据土地利用现状和全国土地利用变更调查，到2005年底[21]，我国农用地面积为65 704.74公顷，占全国土地总面积的68.40%；在农用地中，耕地面积为12 208.27万公顷，占全国土地总面积的12.71%；园地面积为1 154.9万公顷，占全国土地总面积1.19%；林地面积为23 574.11万公顷，占全国土地总面积的24.55%；牧草地面积26 214.38万公顷，占全国土地总面积的27.30%；其他农用地面积为2 553.09万公顷，占全国土地总面积的2.65%。建设用地面积为3 192.24万公顷，占全国土地总面积的3.33%；其他为未利用地，约为27 103万公顷，约占全国土地总面积的28.23%。应特别提到我国耕地的保护，保护18亿亩耕地，守住我们赖以生存发展的生命线，是各级地方政府和各行各业的共同责任[22]。我国人均耕地少，后备耕地资源少，十分珍惜和合理利用土地、切实保护耕地，是我国的一项基本国策。必须从我国国情出发，保障我国的粮食安全、经济安全和社会稳定，按照科学发展观的要求，坚持保护耕地和节约、集约用地的根本指导方针，统筹保障发展和保护资源，不断提高土地资源对经济社会全国协调和可持续发展的保障能力，到2010年和2020年全国耕地保有量分别保持在18.18亿亩和18.05亿亩，在规划期内，确保10 400万公顷基本农田数量不减少，质量有提高，这是必须坚守的最根本的底线[22]。要按照科学发展观的要求，通过大家努力，各负其责，在党和政府的领导下，密切配合，确保规划顺利实施，我国耕地保护工作是一定完全会做好的，确保实现《全国土地利用总体规划纲要（2006～2020年）》提出的各项目标。根据国土资源部发布的2008年度全国土地利用变更调查结果，我国耕地保护呈现向好势头，耕地面积净减少速度放缓，据2007年11月1日至2008年12月31日时段的全国31个省（自治区、直辖市）统计，全国耕地面积由2007年10月31日的18.260 3亿亩减少为18.257 4亿亩，净减少29万亩，比上年度净减少数下降了50%；同时，2008年度补充了耕地344.4万亩，比上年度增加51万亩，比当年建设占用耕地287.4万亩和灾毁耕地37.2万亩超出19.8万亩，耕地减少势头得到了初步遏制[23]。我国是世界上自然灾害最为严重的国家之一，要努力减少灾害损失，更加有效地开展防灾减灾工作[24]。在下面的有关章节里，我们还要具体讲到我国土地的分类，统筹土地资源的合理利用与保护，论述科学划分全国土地利用区，生态功能区及生态问题突出区与土地资源可持续利用等内容。要合理利用与有效保护国土资源，为保持我国经济平稳较快发展和建设资源节约型、环境友好型社会提供有力保障[25]。

 **小贴士：**

根据国家民政部的统计资料，按我国行政区划统计表所列（截至2006年12月31日）：全国属于省级的行政区划单位合计为34个，包括有：4个直辖市（北京市、天津市、上海市、重庆市）；23个省（河北省、山西省、辽宁省、吉林省、黑龙江省、江苏省、浙江省、安徽省、福建省、江西省、山东省、河南省、湖北省、湖南省、广东省、海南省、四川省、贵州省、云南省、陕西省、甘肃省、青海省、台湾省）；5个自治区（内蒙古自治区、广西壮族自治区、西藏自治区、宁夏回族自治区、新疆维吾尔自治区）；2个特别行政区（香港特别行政区、澳门特别行政区）[26]。

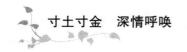
中国是具有五千年历史的文明古国，是世界上经济和文化发展较早的国家之一，是一个海陆兼备、幅员辽阔、土地肥沃、物产富饶的国家。我国古代的四大发明：造纸术、印刷术、指南针和火药，是中华民族对世界科学文化的巨大贡献。但是自 1840 年鸦片战争以后，我国逐步沦为半殖民地半封建社会，新中国成立前的旧中国，人民生活饥寒交迫、水深火热。1949 年 10 月 1 日，中华人民共和国成立，中国人民在伟大的中国共产党的领导下，沿着社会主义道路阔步前进，1949～2009 年，中华人民共和国已经走过了 60 年的辉煌历程，一跃成为国内生产总值和综合国力均居世界前列的伟大的社会主义大国。我国也是现今世界上最大的发展中国家，在党的领导下，五千年文明古国重新焕发了勃勃生机，而今中国人民过上了小康生活，而且确保到 2020 年实现全面建成小康社会的奋斗目标，中华民族迈向了伟大复兴，改革开放 30 余年的伟大实践，奥运圣火的熊熊燃烧，透露出我们伟大民族复兴的曙光[27][28]。

祝愿祖国更加繁荣昌盛，祝愿人民更加幸福安康！

第二节　广阔的世界

浩渺无垠、辽阔无际的宇宙无边无际，星球无数，我们人类居住的地球，是宇宙中一颗美丽的星球、但也是一颗普通的行星星球，航天员在太空中看地球，地球是一个美丽的蔚蓝色球体[30][34]。无边无际、无限的宇宙中，繁星无数，有恒星、行星、卫星、流星和慧星等天体，宇宙中的各种天体，在万有引力作用下，围绕着大小不等的物质核心，形成许许多多不同等级的天体系统，太阳系只是无数天体系统中的普通一员，即为太阳为核心的一个天体系统，而我们人类居住的地球，只是太阳系中的一个成员；太阳系位于银河系之中，虽然银河系是个巨大的天体系统，但是银河系也只不过是宇宙中极小的一部分，像银河系这样的天体系统，在宇宙中还有很多，它们在银河系之外，所以统称为河外星系，目前已经发现十多亿个河外星系，它们散布于宇宙空间，好像茫茫大海中星罗棋布的岛屿，被称为"宇宙岛[29][30]"。但是在漫无边际的无垠无限的宇宙中，不论是地球所在的太阳系、太阳系所在的银河系，还是浩渺无数的河外星系，星系群、星系团，以致无限遥远的星空世界，都不是尽头，因为宇宙是没有尽头的，是无边无际的。

我们人类所居住的地球，是银河系里的太阳系中的一颗普通的天体行星，但是，迄今为止地球是适宜人类生存的唯一家园[31]；地球也是唯一发现存在生命的星球，在苍茫无际的宇宙中，至今人们还没有发现其他具有生命的星球。不过，在无垠的宇宙中，还有没有类似地球的行星，也就是人们通称的"类地行星"，或者说还有没有其他存在生命的星球，这是人类一直追求探索解决的问题。将来总有一天，在茫茫无垠的宇宙中，人们将能够发现"类地行星"，或者说，将能够发现地球以外也存在生命的其他星球。

迄今为止，地球是我们人类唯一的家园，是我们人类的衣食父母，我们应该无比珍爱地球，保护自然生态环境和自然资源，保护生物多样性，防治环境污染，建立资源节约型和环境友好型社会，发展清洁能源和可再生能源，提高能源资源利用效率等。

地球表面总面积为 51 055.9 万平方千米；地球表面未被海水淹没的部分叫作陆地，地球陆地总面积为 14 950 万平方千米，占地球表面总面积的 29%，地球陆地的平均高度为 875 米；地球上广阔连续的水域称为海洋，地球海洋的总面积为 36 105.9 万平方千米，占地球表面总面积的 71%，海洋的平均深度为 3 795 米[8][10][32][33]。虽然在茫茫漫漫的无际宇宙中，地球只是一颗普通的行星星球，但也是至目前为止唯一发现有生命、人类唯一可以居住和生活的行星星球，但是对于生活在地球上的生命群体、包括对于人类来说，地球当然是很巨大的；就是在无际无垠的宇宙中，地球依然有着她这颗普通的天体中的行星的位置，更何况也是迄至目前人类唯一可以居住和

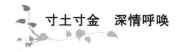
生活的行星星球，我们一定要熟悉地球，珍惜我们人类赖以生存的家园。

小贴士：

地球的赤道半径为 6 378 千米，极的半径为 6 357 千米。地球自转对着北极星方向一端的叫北极，相对的另外一端叫作南极。地球表面距离南北两极相等的最大的圆称为赤道，赤道全长 40 076 千米；地球表面连接南北两极的纵线称为经线（也叫子午线），通过英国伦敦格林威治天文台原址的经线为零线（也称本初子午线），从经线的零线向东，分作 180 度，称为东经；从经线的零线向西分作 180 度，称为西经。东经的 180 度经线和西经的 180 度经线是在同一条线。经线的零线以东的半球称为东半球，经线的零线以西的半球称为西半球；但是为了制图等的便利，习惯上使欧洲和非洲完整，以西经 20 度和东经 180 度的经线圈划分，亚洲、欧洲和非洲所在的半球称为东半球；北美洲、南美洲所在的半球称为西半球。地球表面与赤道平行的圆圈称为纬线，赤道为零度纬线，赤道以北的半球为北半球，赤道以南的半球为南半球。从赤道向北、向南各分为 90 度，北纬 90 度为北极；南纬 90 度为南极。纬度 0～30 度称为低纬度；30～60 度称为中纬度；60～90 度称为高纬度。23 度 27 分的纬度线称为回归线，赤道以北的称为北回归线；赤道以南的称为南回归线。纬线 66 度 33 分称作极圈，赤道以北的称为北极圈；赤道以南的称为南极圈；纬度高于极圈的区域，称为两极地方，即纬度高于北极圈的区域称为北极地方；纬度高于南极圈的区域称为南极地方[32][33][35][36]。地球陆地在北半球分布的多，北半球陆地面积占北半球总面积的 39%；而南半球的陆地面积只占南半球总面积的 19%。

一、大陆：面积广大的陆地叫大陆，全球有六块大陆，即亚欧大陆、非洲大陆、北美大陆、南美大陆、南极大陆、澳大利亚大陆。大陆与它附近岛屿合起来称作洲，全球有七个大洲，按其面积大小依次排列为：亚洲（面积 4 400 万平方千米，包括所属岛屿，占世界陆地总面积的 29.4%）；

非洲（面积 3 020 万平方千米，包括附近岛屿，占世界陆地总面积的20.2%）；北美洲（面积 2 422.8 万平方千米，占世界陆地总面积的16.2%）；南美洲（面积 1 797 万平方千米，包括附近岛屿，占世界陆地总面积的12%）；南极洲（面积1 400万平方千米，占世界陆地总面积的9.4%）；欧洲（面积 1 016 万平方千米，包括所属岛屿，占世界陆地总面积的6.8%）；大洋洲（面积897 万平方千米，占世界陆地总面积的6%）。

在政治地理上，也有将南美洲及其以北的墨西哥、中美洲及加勒比海地区，即美国以南的美洲地区称为拉丁美洲（当地不少国家通行语言属拉丁语），拉丁美洲的面积为 2 070 余万平方千米，包括附近岛屿，占世界陆地总面积的13.8%[32][33][37][38]。

二、岛屿：全世界岛屿的总面积约为970 多万平方千米，约占世界陆地面积的1/15；世界上的岛屿按成因可分为大陆岛、火山岛、珊瑚岛及冲积岛。世界上的大陆岛分布在大陆边缘海的外围，在其地质构造上，一般与附近的大陆相关联；世界上最大的大陆岛，是格陵兰岛，其面积为2 175 600平方千米。火山岛主要分布在太平洋西南部、印度洋西部、大西洋东中部。珊瑚岛主要分布于南、北纬20 度之间热带区域的浅海区，其中以太平洋热带的浅海区较为集中[32]。冲积岛一般在大陆沿岸或附近等地，是由海浪冲蚀或波浪的冲积堆积作用而形成的岸外沙岛，或在大河入海口附近形成的洲滩沙岛等，冲积堆积作用形成的冲积岛，或冲蚀作用形成的沿岸附近的岛屿，面积一般不是很大[29]，例如我国的崇明岛，就属于冲积岛，为长江泥沙冲积形成的，面积 1 083 平方千米，唐代初开始出露水面，现为我国第三大岛，位于长江口，东临东海[36][38]。

三、半岛：伸入海洋或者湖泊，一面与陆地相连，其余面被水包围的陆地叫作半岛。世界上最大的半岛是西亚的阿拉伯半岛，其面积约为300万平方千米[33]。

四、陆地的地形，按照海拔高度、地形地貌的特征，将陆地地形分为平原、盆地、高原、丘陵和山地。

1. 平原：广阔平坦或略有起伏而其边缘没有崖壁的地域称作平原，平

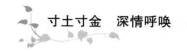

原海拔高度小，海拔高度一般在 200 米以下。世界最大的平原为南美洲的亚马孙平原，其面积约 560 万平方千米。

2. 盆地：四周为山岭或山原环绕、中间低平的盆状地形，称为盆地，盆地中间是平原或者丘陵，如我国的塔里木盆地、四川盆地等；世界上最大的盆地是非洲的刚果盆地，其面积约为 337 万平方千米。

3. 高原：一般海拔在 500 米以上，高度较大，地形起伏较小，而面积较大，边缘常以崖壁为界的地区叫作高原，我国的青藏高原是世界上最高的高原，平均海拔高度 4 千米以上[13]；世界上最大的高原是南美洲的巴西高原，面积约 500 余万平方千米。

4. 丘陵：海拔较低，坡度较缓，连绵不断的低矮山丘叫作陵，其海拔一般在 500 米以下，丘陵顶部至丘麓的相对高度一般不超过 200 米，丘顶较为浑圆，坡度较为平缓，例如我国东南沿海的丘陵。

5. 山地：地面积伏大，山坡坡度陡，海拔高度大，是山地地形地貌的特征，按高度，海拔 500 米以上的称为低山，海拔 1 000 米以上称为中山，海拔 3 500 米以上称为高山，山体呈线状延伸的称作山脉，成因上相关联的若干相邻山脉称作山系。现今世界上的高大山脉大多在地壳活动很强烈的地带逐渐形成的，这些山脉大致分作两大地带，一为环绕太平洋两岸的南北向地带，有北美洲至南美洲的科迪勒拉山系、亚洲和大洋洲太平洋沿岸和边缘海外围岛屿上的山脉等。另一为略呈东西向横贯亚洲、欧洲南部及非洲北部的地带，这一地带的山脉主要有亚洲南部爪哇岛和苏门答腊岛的山脉，喜马拉雅山脉，欧洲南部的阿尔卑斯山脉，非洲西北部的阿特拉斯山脉等。以上两大地带的山脉，巍峨高峻，海拔 4 000~5 000 米以上的高峰大多分布于此，世界上海拔 8 000 米以上的山峰有 14 座，分布于亚洲的喀喇昆仑山脉和喜马拉雅山脉地带，珠穆朗玛峰为喜马拉雅山脉主峰，是世界最高峰，海拔 8 844.43 米。上述两大地带又是现今世界上火山和地震活动最为剧烈的地带[32][33][36][38]。

陆地地形的多种变化与形成，还包括有河流、瀑布、湖泊、三角洲、沙漠等。

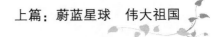
小贴士：

　　世界上最长的河流为非洲的尼罗河，尼罗河全长 6 671 千米，流域面积约 300 万平方千米[33][38]；世界上落差最大的瀑布为南美洲委内瑞拉东南部的安赫尔瀑布，其落差达 979 米；世界上最大的淡水湖为北美洲的苏必利尔湖，其面积为 82 400 平方千米；世界上最大的咸水湖为位于俄罗斯、哈萨克斯坦、土库曼斯坦、伊朗和阿塞拜疆之间的里海，面积约 37.1 万平方千米；世界上最深的湖泊为俄罗斯的贝加尔湖，平均深度 730 米，最深处达 1 620 米；世界陆地的最低处是在西南亚巴勒斯坦与约旦之间的死海，死海为内陆咸水湖，面积 1 千余平方千米，湖面低于海平面 392 米，死海中部最深处低于海平面 395 米，是地球陆地的最低点；世界上面积最大的三角洲为亚洲南部的恒河——布拉马普特拉河三角洲，面积约 8 万平方千米；世界上面积最大的沙漠是非洲北部的撒哈拉沙漠，面积约为 860 万平方千米[33][35][36][37][38][39]。

　　亚洲、非洲、欧洲和大洋洲在东半球；亚洲和欧洲的大陆部分实际上是一个整体，称作亚欧大陆，乌拉尔山脉、乌拉尔河及高加索山脉，是亚洲和欧洲的分界线；亚洲和非洲以苏伊士运河为界；大洋洲位于亚洲、非洲、南美洲、北美洲和南极洲之间，大洋洲为太平洋和印度洋所环绕。北美洲和南美洲在西半球，这两个洲以巴拉马运河为分界线。南极洲绝大部分在南极圈内，为太平洋、印度洋、大西洋这三大洋环绕，南极洲是几乎全部被冰雪覆盖的高原大陆，冰层平均厚度在 1 880 米以上，冰层最厚达 4 000米以上，南极洲大陆仅约有 2% 左右的土地无长年冰雪覆盖，这些地方被称作南极洲冰原上的"绿洲"[32][33][36][40]。

　　地球表面总面积的 71% 为海洋，海洋包括洋和海。洋的面积广大，互为相连，约占海洋面积的 80%，为海洋的中心部分，洋具有深而浩瀚的水域，有较稳定的含盐度，大致约为 35/千分，具有独自的潮汐和洋流系统，水文气象要素变化成独自的系统，比较稳定，而且受陆地影响较小。全球有四大洋：太平洋、大西洋、印度洋和北冰洋。太平洋面积约为17 967.9万平方千米，平均深度4 028米，最大深度11 034米，大西洋面积约为9 336万平方千米，平均深度3 627米，最大深度9 219米；印度洋面积约为7 491万平方千米，平均深度3 897米，最大深度7 450米；北冰洋面积约为1 310万平方千米，平均深度1 200米，最大深度5 449米。海洋的边缘部分称为海，海没有独自的潮汐及洋流系统，海的水文气象要素不但受洋的影响、还受相邻陆地的影响，因而变化较大；世界上最大的海是澳大利亚东北面的珊瑚海，珊瑚海面积达479万平方千米。海洋的底部可分为大陆架、大陆坡及洋底等几部分，大陆在海水以下的延续部分，坡度一般较缓，称作大陆架；再往下延坡度逐渐变陡，这部分海底称作大陆坡；再向下延深入到洋底，洋底一般是起伏变化的，有海岭、海盆、海沟等，世界上最深的海沟是太平洋西部的马里亚纳海沟，马里亚纳海沟最深处达11 034米（也就是太平洋的最大深度）；海洋有着丰富的自然资源[32][33][36][40]。

　　世界各个地区，由于所在地的纬度不同，海陆分布的差别，以及所处的地势海拔高度的不同等原因，所形成的气候千差万别，而且各具特点，有的地区雨量充沛，终年炎热；有的地区干旱少雨，沙漠广布；有的地区春、夏、秋、冬四季分明；有的地区四季如春。天气一般是指该地短时间内的阴晴、冷暖、风雨等的天气状况；而气候是指该地多年的天气特征，也就是该地在长期过程中能够重复出现的平均天气情况，同时包括特殊的天气情况。某地的气候特征，通常是用气温、降水、气压及风等要素的状况来表示，所以该地气候的特征常用多年观测的气候要素的平均值、极端值和变化值来描述。气候主要受地理纬度的不同、太阳辐射的差异、地形、海陆分布和大气环流等影响形成了当地的具体气候[40][41]。地球上从赤道到两极，由于各纬度所得太阳光热的多少等，划分出热带、南温带和北温带、南寒带和北寒带这5个基本的气候带，以及热带与温带之间的亚热带，温带与寒带之间的亚寒带。也就是说，地球的赤道两侧到南北回归线之间，阳光直射或近乎直射，得到的光热最多，几乎终年高温，这里是热带；而在南极圈、北极圈内，太阳光斜射，得到的光热最少，这里是寒带（北极圈内称为北寒带，南极圈内称为南寒带）；在热带和寒带之间的地带，其得到的光热介于热带和寒带之间，称为温带（包括北温带和南温带）。由于大地的起伏地形变化和海拔高度的差别、大气环流、海陆位置、洋流变化等因素的巨大差异，使得上述的气候带分布的规律受到明显影响而有一定的变动，在每个气候带内，根据气温、降水等气候要素的不同和变化，又进一步划分出各种气候类型。通常按气候特征和自然地理条件，将世界气候分为寒带苔原气候，寒带冰原气候，亚寒带针叶林气候；温带针阔叶混交林、阔叶林气候，温带季风气候，温带草原气候，温带沙漠气候；亚热带森林气候，亚热带地中海型气候；热带沙漠气候，热带草原气候，热带季风气候，热带雨林气候；山地高山高原气候等[32][33][35][36]。

现在地球表面地形地貌的情况，海、陆分布、山地、坝区、平原等的局部变化，也都是在微细的、以至比较明显的变动之中，从哲学的观点来看，物质的世界，总是在运动之中，物质运动是永恒的，而"平衡"或者说相对的"静止"，可以说是暂时的，所以说，地球表面地形等的变化、海陆分布的变动等，现在以至将来，都可能有不同程度的变化发生。

特别需要提到的是，没有不良的土地，同样也没有不良的海洋，只有不良的管理和不良的保护方法。人类一定要善待地球，人类就是从自然界中诞生的，地球是我们的母亲，有的人欺凌地球母亲，是绝对不能允许的，时至今日，地球仍然是我们人类唯一的生存家园；时至今日，还没有发现人类目前能够探测到的其他星球上存在生命；既使将来有朝一日发现宇宙中的其他星球上存在生命，作为诞生了人类的地球，我们人类依然要善待地球，忠实地保护好地球母亲，保护好地球自然生态环境，因为地球不但是人类的故乡，而且还是人类可以继续居住、生活以及整个生物界生息的美好之地。

附录：科技诗《我爱祖国辽阔的海疆》

我爱祖国辽阔的海疆

（科学诗，纪念新中国成立 60 周年）

（诗作者：高　梁）

（一）

我乘着舰船在祖国的海上远航，

祖国海疆有着壮丽美好的风光，

半岛环抱的渤海是我国的内海，

我国黄海海面绮丽又宽广，

我国东海秀美的岛屿棋布在海上，

我国南海水又深扬超碧波飞浪。

（二）

我乘着舰船航行在祖国的海疆，

舰船周围腾起的浪花好似对我讲，

祖国的海疆是如此美丽宽广，

新中国走过了 60 年的历程多么辉煌，

祖国建立起了强大的海防，

新中国有着坚固无比的海疆。

（三）

我乘着舰船在祖国的海上远航，

舰船周围腾起的浪花好似对我讲，

请把科学的概念和数字向人们传扬，

国土、领土、领海和领空概念清晰，

我们永远也不要别国的一寸国土，

我们祖国的国土一寸也不许被抢。

（四）

我带着浪花的托咐现在详细讲，

国土指国家依法管辖的所有地方，

包括领土、领海、领空这三项。

领土指国家依法管辖的陆地总面积，

领海是指依照法律国家管辖的海疆，

领土、领海的上空是国家领空更不能忘。

（五）

我带着浪花的嘱托现在细细讲，

中国的国土面积为 1 260 多万平方千米，

中国的领土面积为 960 万平方千米，

中国的领海面积为 300 余万平方千米，

祖国的这些极其重要的基础数字，

我们每一位中国人都要铭记在心上。

（六）

我带着浪花的托咐向人们讲，

我国国土面积有着明确的法律保障，

我国的领土、领海和领空为世界公认，

依法行使国家主权是正义的力量，

理应保卫祖国的每一寸土地、领空和海疆，

我们同样依法尊重别国的国土和边防。

（七）

我深爱祖国 960 万平方千米的领土，

有广袤的草原和大森林葱葱莽莽，

有沃野千里的丰产农田和肥沃土壤。

我深爱祖国 300 余万平方千米的海疆，

有大于 5 百平方米以上的岛屿 6 千多个，
我国大陆海岸线就有 1.8 万余千米长。

（八）

新中国已经走过 60 年的光辉时光，
我国社会主义建设成就巨大辉煌，
人民过着幸福美好的生活，
正在为全国建设小康社会贡献力量。
我乘着舰船航行在祖国的海疆，
我喜爱观看舰船旁的浪花飞扬。

中篇：绿色空间　自然之殇

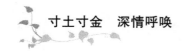

第一节　不可不知晓的地质资源知识

本章讲述了科技、农业、生态、环保、生物、气候、土壤、地理、天文、地学、经济等许多方面的基础概念、名词术语及其科学的内涵，包括近期新的知识领域进展变化等情况，包括本书作者的创新观点及见解。

一、土地

土地是指地球上的特定部分，也就是地球表面除海洋之外的陆地和陆地上的湖泊、江河等水面，包括近地表的气候、地形、土壤、地表水和近地表沉积层及地下水、地表上下的生物圈所有部分、人类活动构筑物如水利工程、道路、建筑物等都属于土地的范围，就是说，土地是由土壤、空气、水文、地质、地形、生物及人类活动结果所组成的综合体，土地的概念，其内容是比较广泛的，但又有上述具体的内涵[10][11]。

由于土地是自然经济综合体，构成土地的各个要素在一定时间和具体空间内相互作用、相互依存、相互联系，而成为综合的有机整体，随着时间和空间可能发生的变化，土地——综合的有机整体的性质，也可能发生一定的变化。

二、土壤

土壤是指陆地上能够生长植物的疏松表层，土壤的基本特性是具有肥力，随着地球上生命的出现和发展，土壤也相应地形成与发展。影响土壤形成的各种自然因素，概括起来说，包括有：地形、气候、成土母质、生物和成土年龄五大成土因素，陆地表面的任何种类土壤，可以说都是在这五大成土因素综合作用下形成的，但是不同地区，各成土因素的具体内容及其特点不同、作用强度也不一样等，从而形成了各种类型的土壤[42][43][44]。

地形因素和气候因素对土壤形成的作用是明显可见的，而成土母质是土壤形成的物质基础，不同的岩石种类，经过风化等作用形成母质，直接影响土壤的理化性质等；生物包括动植物微生物在内，对土壤的形成有着巨大的作用，尤其是不同的植被类型，在不同类型土壤的形成中起着极其巨大的作用。岩石的风化物（也就是成土母质），在生物、气候、地形和成土年龄等成土因素的综合作用下形成了土壤。成土年龄是指从开始形成土壤时算起，直到目前的整个这段时间，就是土壤的成土年龄，从概念说，这是土壤的绝对年龄；即形成土壤的绝对的具体的时间。比如说，原地残留的风化物上形成的土壤，其成土年龄一般较长，而有新冲积而来的冲积物上形成的土壤，成土年龄则较短。但是，自然界的成土因素综合作用的情况是很复杂的，土壤形成的速度、也就是土壤发育的深度，还必须有土壤相对年龄这个概念来表述，因为有的土壤虽然绝对年龄较长，但由于具体条件，成土因素综合作用较差，导致形成的土壤发育程度浅；而有的土壤，相比较之下，由于具体条件较好，成土因素的综合作用程度较深，形成的土壤发育程度深，虽然其土壤的绝对年龄较短，但因上述的综合条件，使成土速度较快，形成的土壤发育程度较深，所以，土壤相对年龄的长短也是很重要的。土壤的成分组成，包括有机质、土壤水分、土壤空气、包括土壤微生物在内的土壤生物等[42][43][44][45]。

需要着重提到的是，除上述自然成土因素外，人类的作用也是影响土壤形成的重要因素，人类的生产活动、尤其是农业生产活动，对土壤形成以及土壤性质等，具有重要的影响。

三、地球

迄今为止，地球仍然是我们人类生活的家园，也是其他各种生物的家园，因为至今为止，还没有在其他星球上发现有生命。我们要深情地珍惜与保护地球——地球是迄今为止我们人类安居的唯一家园。

地球的赤道半径为 6 378 千米，极半径为 6 357 千米，地球是一个旋转的椭圆球体，地球表面总面积为 5.1 亿平方千米，体积为 1.083×10^{12} 立方千米，平均密度为 5.52 克/立方厘米。地球围绕着通过球心的轴自转，地球自转轴对着北极星方向的一端称为北极，相对另外一端称为南极，赤道以北的半球称为北半球，赤道以南的半球称为南半球。地球表面上连接南北两极的纵线称为经线（也叫子午线）。通过英国伦敦格林尼治天文台原址的经线定为零度经线（也称本初子午线），从本初子午线向东分为 180 度，称为东径；向西分为 180 度，称为西经（东经 180 度经线与西经 180 度经线是同一条线）。本初子午线以东的半球称为东半球，本初子午线以西的半球称为西半球，但为了制作地图等的方便，使欧洲和非洲完整，按以西经 20 度和东经 160 度经线来划分，亚洲、欧洲、非洲所在的半球称为东半球；北美洲和南美洲所在的半球称为西半球。地球上和赤道平行的圆圈称为纬线，赤道为零度纬线，从赤道向北、向南各分为 90 度，纬度零度至 30 度是低纬度，30～60 度是中纬度，60～90 度是高纬度，北极和南极分别为北纬 90 度与南纬 90 度。23 度 27 分的纬线称为回归线（就是指一年中太阳直射点能够到达的最北、最南点所在的纬度线），赤道以北的称为北回归线，赤道以南的称为南回归线。66 度 33 分的纬线称作极圈，赤道以北方向的称作北极圈；赤道以南方向的称作南极圈。赤道以北的半球称为北半球；赤道以南的半球称为南半球。地球赤道与地球公转椭圆轨道面成 23 度 26 分（公元 2000 年）夹度，产生了地球上的昼夜交替、四季变化及不同的气候带。地球约有 46 亿年的历史，有一个自然卫星月球[32][33][38]。

　　不论是按照太阳系的九大行星（按照它们与太阳的距离，由近至远依次为水星、金星、地球、火星、木星、土星、天王星、海王星、冥王星）或者是太阳系八大行星（水星、金星、地球、火星、木星、土星、天王星、海王星）[35][46]；抑或是曾报道过的，太阳系不止九行星，提议增加 3 颗等[47]；太阳系中的星球，或者广泛地说银河系以至浩瀚无际的宇宙，可以说，宇宙的物质确实存在着系列形成的规律。拿化学元素来说，同样存在着系列形成的规律，从不同化学元素原子结构的系列变化，到化学元素性质的变化，可以说都是有一定规律的变化，也都是系列形成的，包括自然界已发现的103种元素和在实验室条件下人工诱导产生的一系列元素，包括近期报道的在实验室条件下人工诱导的（聚变试验）已证明确实存在的原子序数是107到111的元素[48]；都说明自然界中的包括人工诱导发现的化学元素，皆符合宇宙物质系列形成的规律。再以地球上生物界来说，生物是进化而来的，但也可以说是系列形成的，植物、动物等以门、纲、目、科、属、种等进行分类，说明地球上的生物物种也是从低等级生物到高等级生物，也是进化和系列形成的。地球只是在漫无边际、浩渺无限的宇宙中的一颗普普通通的行星；在太阳系的八大或九大行星中，按照同太阳的距离，由近及远，地球排在水星和金星之后，排列次序为太阳系中的第三颗大行星。虽然说，地球距离太阳不远也不近，受到太阳辐射适中，使地球地表的平均温度高于水的冰点而低于水的沸点，为孕育生命创造了条件；地球环绕太阳运转的椭圆形轨道，使地球能从太阳得到定量的辐射，使地球表面温度变化又不过于剧烈；地球自转的速度比较适中，昼夜温差变化较小，更利于生物生存。地球质量适中，从而形成适宜的大气圈、水圈，同时地球保留了相当规模的陆地，这样，生命在海洋中诞生，有的到陆地进一步演化，直到人类的诞生[34]。但是在浩渺漫漫、无际无垠的宇宙中，在天际无数的星球中，宇宙物质遵循着系列形成的规律，这就是本书作者提出的宇宙（自然）物质系列形成推测，就是按照宇宙中各种不同变化、不同环境等的情况，使宇宙（自然）物质系列形成与演化。在无垠无际的宇宙中，地球只是无数行星里的一颗普通、但也是具有生物生命的的行星星球，在漫漫无垠、浩渺无际的宇宙中，按照宇宙（自然）物质系列形成原理，就一定还存在与地球相类似的行星，存在着有一些差别但又在特性上有着许多相似的一系列类似的行星，这些行星也许分布于银河系、河外星系或更为遥远的无垠无际的宇宙。随着科学技术的快速发展，空间探测技术的进步，我们地球人在浩渺宇宙中发现具有生命（系

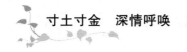

列生物）的星球，按照宇宙（自然）物质系列形成原理，是完全可能的。

在宇宙学的研究中，也有的提到宇宙是有限而无边的，或者说宇宙在时间和空间上可能并不是无限的。地球只是太阳系中的一颗行星，在无垠无际的宇宙中，地球只是一个普通的、很微小的天体，这里多次提到了宇宙。我国战国时的尸佼说过："天地四方日宇，往古来今日宙"。[45]可以说宇宙在空间上是无边无际的，从哲理上可这样理解，在自然界当中，存在着无限广阔和相对无限广阔的情况，例如作为具有智慧的高级动物——人类，具有正常活动的人类大脑，其智慧（想象力等）遐想等，我们可以想得十分遥远，甚至可以没有尽头，但是同时也受到当下科技发展水平的限制，所以人类头脑想象力等，可以称作相对无限广阔；而科学技术的发展是没有止境的，是向前无限发展的。现在谈到宇宙，可以、而且也应该认为宇宙是无边无际、从哪个方向"飞驰"也到不了尽头，而且也没有尽头，这就是本书作者提出的全方位无限宇宙的推理，也就是说宇宙是无限广阔的。

小贴士：

在无限广阔的宇宙中，计量天体间的距离所用的单位叫光年。光年是指光在一年内所走过的路程，称为一光年，光的速度为每秒 30 万千米，一年的光行距离约为 94 605 亿千米。

四、地球的圈层结构

大气圈是地球最外面的一个圈层，厚度约 3 000 千米[29]，质量约占地球总质量的百万分之一，地球大气是由多种气体组成的混合物，以及包含在大气中的水气、杂质（尘埃、烟粒等）。大气中的水气含量很不稳定，虽然含量一般不多，但通过云、雨、雪、霜等，对地表及大所的温湿度产生显著影响。干洁空气的成分（25千米高度以下），按质量计算，氮气约占75.52%，氧气约占23.15%，氩气约占1.28%，二氧化碳约占0.05%。由于重力作用使空气的密主度随高度的增加而渐趋减小，即随高度增加空气逐渐稀薄，最后归于消失，过渡到星际空间。大气圈分为好几层，自下而上由对流层（从0千米的地面到平均垂直高度12～14千米的顶部）、平流层（从平均高度12～14千米的对流层顶到高度55千米左右）、中间层（约从55～85千米左右的垂直高度）、暖层（约从85～800千米左右的高度）和散逸层（约从800～3 000千米的高空）几个同心圈层组成的[36]。对流层是大气圈的最下层，与地表直接接触，这一层厚度虽小，但密度很大，约占整个大气层质量的3/4和几乎全部的水气量，云、雨、雪、雹等天气现象都发生在这一层里[29]。在地球大气的垂直分层中，相对而言，臭氧层仅仅是大气层中的薄薄一层，犹如一张大伞，搭在地球之上，这便是保护人类的"生命之伞"——臭氧层。臭氧层位于大气的平流层内，距地面高度主要约为20～25千米，臭氧对于太阳紫外线辐射有强烈的吸收作用，臭氧层能将太阳辐射到地球表面的99%左右的紫外线阻挡与吸收掉，由于有了臭氧层的保护，地球上的一切生物才免于受到过多紫外线辐射的伤害，而透过臭氧层的很少量的紫外线，又可起到杀菌等的良好作用。假如没有臭氧层的存在，地球上很可能是一个没有生命的世界[8]。

在大气圈之下的水圈，是指地球上被水占据的一个圈层，包括海洋、湖泊、河流、冰川、沼泽和地下水以及大气水分等。水圈是一个不规划、不连续的圈层，水圈的主要组成部分是海洋，海洋平均深度约为3.8千米，最深约达11余千米，海水总体积约为13.7亿立方千米。地球上水的分布很不均匀，海水约占地球总水量的97.2%，陆地淡水仅约占2.8%，而可供人类直接利用的淡水则更少[8]。

地球上的生物及其赖以生存的环境总体，即地球上的生物及其能够栖息的场所，称作生物圈。生物圈的上限从地表以上可达23千米左右的高空，下限约可达海平面以下 12 千米深处，包括全部水圈、岩石圈上层和大气圈下层，即生物能以生存的地方，都属于生物圈的范围。地球的生物圈中，目前至少约生存着 150 多万种动物，30 多万种植物，10 万多种微生物[8]；也有的资料估算现在地球上有 500 万种生物[34]。绝大部分的生物集中在地面及附近以及往上约 100 米、往水下约 200 米深的厚度范围内，这一层，可以说是生物圈的最主要部分，对于整个地球来说，这仅仅是薄薄的一层。大气圈、水圈和生物圈属于地球的外部圈层。

对地球内部状况，主要采用地球物理方法进行研究，根据地震波在地球内部传播速度的变化，可将地球内部的层圈结构划分为地壳、地幔和地核。在地下平均深度 33 千米处（大陆下较深，平均约为 35 千米；大洋下较浅，平均约为 6 千米左右），地震波纵波速度从 7.6 千米/秒增至 8.1 千米/秒；横波由 4.2 千米/秒增至 4.6 千米/秒，这个不连续面，就是地壳与地幔的分界面，叫"莫霍面"，是发现这个面的科学家莫霍洛维奇名字的简称，此面以上的地球坚硬外壳称为"地壳"，此面以下至大约 2 900 千米深的范围内，称为"地幔"[36][45]。地下约 2 900 千米左右深度处，纵波速度由 13.64 千米/秒突降为 8.1 千米/秒，横波则完全不能通过，这个不连续面，是地幔与地核的交界面，是由科学家古登堡发现的，称为古登堡不连续面[36][45]。

地壳也叫岩石圈，是指从地表到莫霍面的坚硬的固体层，其在全球上的厚度很不均匀、大陆地壳厚度约为 30～70 千米，平均厚度约 30 多千米；海洋地壳的厚度较小，约为 5～15 千米。地壳（岩石圈）也是层状结构，大致可分为三个圈层，上层主要是沉积岩层（如砂岩、页岩、石灰岩等），中层主要是花岗岩层（花岗岩属于火成岩），下层主要是玄武岩层（玄武岩也属于火成岩）。地壳表层由于受大气、水、生物等的作用，可形成土壤层，保护好土壤层，对于作物生长和农业丰收具有极为重要的意义。岩石层圈的岩石种类，在不同地方，也可能有所变动。

地幔是介于地壳和地核之间的固体层圈，地幔的顶面是"莫霍面"，底面为"古登堡面"，地幔厚度约有 2 950 余千米，其体积约占地球总体积的 82%，质量占地球总质量的 67.8%，平均密度为 3.32~5.66 克/立方厘米[45]，压力 0.9 万~150 万大气压，温度 1 200~2 000℃。自"莫霍面"以下约下 1 000 千米深处，为上地幔，主要由橄榄岩及玄武岩组成，呈固态晶体状，约自 1 000~2 900 千米深度为下地幔，其成分为金属氧化物等，比上地幔含铁更多，由于温度高，下地幔为可塑性固体。在上地幔的 50~250 千米深度范围，可能由于放射性核素大量集中蜕变放热，使该层的物质呈熔融状态，称为"软流层"，这里可能是外溢岩浆的发源地和中源或深源地震的发生地[45]。

地球的这种同心圈层结构的形成，有着其自身的起源和演化的历史。约在 60 亿年以前，刚从太阳星云中分化而出的地球，是一个接近匀质的球体，还没有明显的分层现象，后来，由于地球内部的增温及重力分异作用，发生了圈层分化。地球是由尘埃物质聚集而形成的，初始温度较低，在其形成过程中，体积逐渐增大，保存热量的能力随之逐渐增强，由于地球内部所含的放射性核素衰变释放能量，原始地球内部的温度不断升高；同时，地球的形成是在内压逐渐有所增高情况下进行的，地球内体积收缩产生大量热能，随着地球内部温度的增高，地球内的物质可塑性不断增强，重的物质缓缓下沉，轻的物质上浮，产生了层次分化过程，也就是进行着重力分异作用，使地球逐渐形成比较重的地核和相对比较轻的上部的圈层地幔，经过漫长的时间，地幔又进一步分化出地壳。这样，原始地球经过很久、很久岁月的不断演化，逐渐分化成同心圆状的圈层结构。

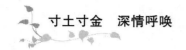

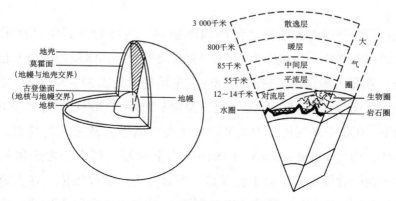

图（1）：地球圈层结构示意图

五、地球生物圈的形成

原始地球在脱气过程中不断分离出内部的气体，形成原始大气圈，其主要由水气、甲烷、一氧化碳、氨气等气体组成，原始大气在太阳光线的作用下，经过一系列化学变化，缓慢地转化为主要由氮和二氧化碳、水气等组成的大气；后来，又经过漫长时间，由于植物的光合作用，将大量的二氧化碳转化为氧气，并且终于形成了以氮气和氧气为主的大气圈。由于原始大气中含有大量水蒸气，随着地球表面温度逐渐降低，有一部分水蒸气凝结成雨水降落到地面，汇集在低洼地带并形成了原始的海洋、湖泊、江河等，经历了长久的岁月，终于形成了原始的水圈，那时几乎都属于淡水，随着地壳的变动，由于河流搬运等作用的结果，将陆地上的可溶性盐类带到海洋里，逐渐形成咸的海水。经过了很漫长的时间，水圈形成了，由于水圈的形成，地球上开始了水分的循环。原始地球上是没有生命的，随着岁月的流逝，温度的逐渐降低，在原始大气圈、水圈中存在的一些由碳、氢元素构成的碳氢化合物，借助于大气中的电闪雷鸣，地下水山熔岩喷发的能量，太阳紫外线照射等，在诸多综合条件的作用下，经过长期演化，终于在海洋中产生了原始生命，原始生命的出现是一件"破天荒"的大事，因迄今为止，还没有在太阳系其他星球上发现任何生物；除了我们

26

居住的地球之外，在浩渺无际的宇宙空间，人类目前能够探测到的其他星球上，也尚没有发现任何生命。地球所以能够出现生命，是与其特定的环境条件分不开的，地球在太阳系中的适宜位置，公转和自转周期时间长短相宜，转动不快不慢，轨道偏心率不大，地壳表面合适等，这些独特地优越环境条件，促成地球介以孕育生命。

地球的海洋，是地球出现生命的摇篮，在长达 30 亿年左右的时间，生命仅限于生活在海洋里，原始生物在海洋里生长繁育，因为辽阔海洋的水体，可以有效地保护原始生命不受太阳紫外线的伤害，后来海洋中出现了海生藻类等并大量繁殖，在这些绿色植物的光合作用下，地球上的游离氧气逐渐增多和贮存，地球表面氧化性环境逐渐形成，游离氧的增多，在太阳辐射的光化学作用下，大气中出现了三个氧原子组成的臭氧，日积月累，在大气中形成了臭氧层，由于臭氧能够有效地吸收太阳紫外线辐射，对生物起到了保护作用。在距今约 4 亿年前的志留纪晚期，绿色植物登陆成功，使大地渐渐披上绿装。生命的发生、持续与进化，生物的演化繁衍，新的生物类群的出现，生物间相辅相成，生物与环境间的物质能量循环与动态平衡，生物不断进化发展，从海洋发展到陆地和低层大气的各个地方，形成了勃勃生机的生物圈[8]。

我们居住在地球上，人类的发生与发展与地球自然生态环境密不可分，我们应该了解地球的历史，虽然，有关地球以往遥远年代的发生演化的历史，有的尚需进一步研究，但是，现在的知识，对我们仍然有重要的意义和参考价值。地球各个圈层间，互相作用，互相渗透，按照客观存在的自然规律，永不停息地运动、变化和发展，生物圈、水圈以及大气圈和岩石圈，构成了人类赖以生存的自然环境。从地球生物圈等的发展历史来看，大约在 200 万～300 万年前，才开始出现人类；随着地球生物圈的形成和生物的繁衍、发展和演化，终于导致了能利用和改造自然界的高级动物——人类的出现。所以，爱护自然环境，保护自然资源，这本来就应该是我们人类的"天职"[8]。

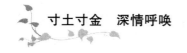

六、荒漠

荒漠是指气候干旱、降水稀沙、蒸发量大、植被稀疏低矮、生长条件很差、地表水极为贫乏的、土地相对贫瘠的区域，这样的地区被称为荒漠，也就是"荒凉之地"的意思[49]。按照组成物质的情况，荒漠可分为沙漠（也称沙质荒漠）；岩漠（岩漠也叫山地荒漠，多分布于干燥山地，岩石裸露，植被稀少之地）；砾漠（即地表为砾石覆盖的荒漠，也称石漠[45]；习惯上也将石质或砾质的荒漠称为戈壁[49]）；泥漠（泥漠是由泥土组成的荒漠，主要分布于湖沼洼地等处；由盐水浸渍的泥漠专称为盐漠）；而在高山和寒带地区的荒漠，称作"寒漠"[38]。

七、沙漠

通常把沙质荒漠称作沙漠，也就是说，荒漠是列为广泛的概念，荒漠包括沙漠（也称沙质荒漠）、岩漠、石漠、寒漠等，而将沙质荒漠专称为沙漠。同时，在荒漠地带以外的草原地带等处，也有相当面积被沙丘所覆盖，通常称为沙地，沙地性质与沙质荒漠近似，所以沙地也泛称为"沙漠"，即将"沙地"也包括在"沙漠"之中[49]。

沙漠是荒漠中所占面积最大的一种，即沙质荒漠，沙漠地区景观为地表地展被流沙所覆盖，沙丘和流动沙丘广泛分布，气候干燥，气温昼温变化大，植被稀沙；沙漠为干旱气候及丰富沙源条件的产物，风沙活动强烈或较强烈。世界上最大的沙漠是非洲的撒哈拉沙漠，面积约860万平方千米。我国沙漠主要分布于西北地区，以及内蒙古和东北西部等地的广大干旱与半干旱地区。新疆南部的塔克拉玛干沙漠为我国最大的沙漠，其面积约为33.76万平方千米。我国沙漠的总面积约达63.7万平方千米[10][36][38][45]。新中国成立后，对沙漠（包括沙地）进行了大规模的防沙、治沙的综合治理措施，人工造林种草、飞机播种造林种草、育林育草、引水灌溉、调配生态用水及工程措施等，依靠人民群众，因地制宜，综合治理，防沙、治沙工作取得了很大成绩。

八、土地沙化

《中华人民共和国防沙治沙法》中指出："土地沙化是指因气候变化和人类活动所导致的天然沙漠扩张和沙质土壤上植被破坏、沙土裸露的过程。""本法所称土地沙化，是指主要因人类不合理活动所导致的天然沙漠扩张和沙质土壤上植被及覆盖物被破坏，形成流沙及沙土裸露的过程。"[50]土地沙化主要是指在风力作用下，在原为非沙漠的地带，主要由于人为不合理活动导致的土地沙化，即类似于沙漠景观的土地退化过程。沙漠发生于地质历史时期，而土地沙化主要发生在人类历史时期[11]。

党的十七大报告中指出："加强水利、林业、草原建设，加强荒漠化石漠化治理，促进生态修复。"我们一定要以十七大报告为指导，深入贯彻落实科学发展观，我国防沙治沙工作不断取得新成绩，一些沙区沙进入退化的局面初步得到遏制，沙化土地面积缩减，全国沙化土地面积由20世纪90年代后期的年均扩展3 436平方千米，转变为现在平均缩减1 283平方千米，沙化扩展的趋势得到初步遏制；沙区植被明显增加，流动沙地、半流动沙地面积在沙化土地中的比重由1999年的36.1%下降到目前（2008年）的33.9%[51][52]；我国的防沙治沙工作，得到了国际社会的广泛赞誉。但是，由于过去历史上沙化土地扩展及一些地方防沙治沙综合治理工作不到位等原因，我国仍有174万平方千米的沙化土地，占领土面积的18.1%，这是属于广义的土地沙化面积，即包括沙漠及其扩展地带、沙地及其扩展地带、以及戈壁及其扩展地带等。一些重点、敏感地区的沙化还在扩展，"人口、灶口、牲口"对沙区生态资源的压力仍然很大，破坏荒漠包括沙化地区生态系统的行为常有发生，全球气候出现变化、温室效应等，增加了防沙治沙的难度等，全国防沙治沙的任务仍十分艰巨[51]。我们一定要扎扎实实地全面推进综合防沙治沙工作，为建设生态文明维护生态安全做出新成绩。

九、湿地

2009年2月2日，是第十三个世界湿地日，第十三个世界湿地日的主题是："从上游到下游，湿地连着你和我"。该主题明确告诉我们，湿地是人类社会生活中的重要组成部分，湿地生态系统是人类生存发展的重要保证条件之一，被誉为"地球之肾"。我们有责任、有义务保护和可持续利用湿地资源，要大力加强对湿地保护、维护生态平衡。

何谓湿地，按照 1971 年部分国家在伊朗小城拉姆萨尔共同签署的一个全球性的政府间《关于特别是作为水禽栖息地的国际重要湿地公约》，简称《湿地公约》中关于湿地的定义："湿地系指不问其为天然或人工，长久或暂时之沼泽地、泥炭地或水域地带，带有或静止或流动、成为淡水、半咸水、咸水体者，包括低潮时水深不超过 6 米的海域"。[11]因此，湿地不仅包括湖泊、河流、海岸红树林区、沼泽、泥炭地、草甸、滩涂、水库、沟渠、池塘、各类农用水塘、污水处理塘及水产养殖塘等，还应包括水稻田在内[53]。

我国是一个拥有丰富湿地资源的大国，我国约有沼泽地、湖泊、滩涂和盐沼地等共计约为 2 510 万公顷（其中，沼泽约 1 100 万公顷、湖泊约 1 200万公顷、滩涂和盐沼地约210 万公顷）；5 米以下的浅海水域约270万公顷；水稳田约为 3 800 万公顷，以上几项全部共计，我国约有湿地类型的面积 6 580 万公顷。这说明，我国的湿地资源十分丰富，而且湿地类型多、分布广，区域差异大，生物多样性等[11][53][54]。

湿地被比喻为"地球之肾"，因为湿地具有巨大的生态功能，对维护地球环境的生态平衡具有很重要的作用，湿地是淡水之源和淡水储存库，我国的湿地维持着大约2.7 万亿吨淡水，约占全国可利用淡水资源总量的96%。2008 年，我国新增国际重要湿地 6 块，总数达 36 块；我国新建国家湿地公园 20 个，总数达到 38 个；我国湿地类型自然保护区已达到550多处，并且在湿地立法、湿地保护体系、湿地资源调查监测等方面取得取新成绩[55]。

虽然我国湿地保护工作取得了巨大成就，但是距离国家对生态环境保护的要求，还有较大的差距，我国湿地保护仍面临着比较严峻的形势。我们一定要按照科学发展观的要求，综合考虑生态、经济、社会的需要，全面做好湿地保护工作，到 2010 年时，使约 50% 的自然湿地和约 70% 的重要湿地得到有效保护，建立起结构合理、功能优化的湿地保护网络体系和湿地保护工程建设，扭转湿地面积减少及功能退化的问题。

十、地震

由于地球内部变动等原因引起的地球表面等部位的震动，称作地震。地震分为天然地震和人工地震两大类，天然地震是地壳运动和地球运动的一种表现，天然地震主要包括构造地震及火山震、塌陷地震等[45]。构造地震是由地球内部应力变动地壳运动引起的构造变化，而产生的地震，构造地震的特点是活动比较频繁，延续时间较长，影响范围广，破坏性强；但是其绝大多数的地震是比较微小的，有的地震仅用仪器才能监测到，因为人体感觉不到这样微小的地震；由于地壳运动引起的强烈的地震，地球上平均每年发生 10 余次，但这样的强烈地震有时发生在人口稀少的地区，其危害程度就不像发生在人口稠密地区那样的极其严重；构造地震约占地震总数的 90% 左右[38]。火山地震是由火山喷发引起的，震源常局限于火山活动带，其强度一般较小，影响的范围一般也不很大。塌陷地震是因岩层崩塌陷落而造成的，主要发生在石灰岩等较易和易溶岩石地区，影响范围小，震源浅，震级也小。人工地震是用人为的方法产生的地震，如工业爆炸、地下核爆炸及一些水库引发的地震等。

地震震动的发源处，也就是地球内部岩层发生破裂等的地方，称为震源。震中是地面与震源正对着的地方，也就是震源在地面上的垂直投影。按震源深度的深浅，可将地震分为浅源地震，其震源深度不超过 70 千米，但是浅源地震多发生在地表以下 30 千米深度以上的范围内，浅源地震发震频率高，约占地震总数的 70% 以上，破坏力度较大，为地震灾害的主要制造者。中源地震：震源深度约 70～300 千米；深源地震：震源深度超过 300 千米以上。震级是衡量地震能量大小的等级，是由分布在各地的地震仪测定的。地震烈度是指地面以及房屋建筑物等受地震危害和影响造成的破坏程度。较强的地震、尤其是破坏性地震比较集中的地带称为地震带，例如，环太平洋地震带、欧亚地震带等。震区，也称地震区，是指经常发生地震的地区，震区包括破坏性地震发生后，地震所波及到的地区。地震波是指因地震产生的弹性震动，以波动的形式在地球内部各个方向传播的波动，地震波的能量在震源处最大，在传播的过程中，地震波能量逐渐消失，传得越远就将越减弱。地球地壳的板块构造理论用来解释地震等的形成与分布等，该理论认为地球的岩石圈并不是整体一块，而是被一些构造带（如海岭、海沟等）分割而成许多单元，这些单元称为板块，这些板块有的属于海洋部分，也有的属于大陆部分，板块之间有时会发生不同形式的相对运动，如果陆地板块相互挤压相碰，在碰撞处可能崛起新的山脉；如果陆地板块与海洋板块相挤压碰撞，可能形成海沟等，板块本身也可能出现新的变化，随着地球的变化，板块也处在不断演变之中。目前全球表现坚硬的外壳岩石圈分为 6 大板块：太平洋板块、印度洋板块、亚欧板块、非洲板块、美洲板块和南极洲板块。大板块还可能划分为若干个小板块，即也处于不断运动之中[38][40][45][56][57]。

 小贴士：

世界上曾经发生过多次大地震，例如，1906 年 4 月 18 日晨 5 时 13 分，美国旧金山市发生 8.3 级地震；1923 年 9 月 1 日上午 11 时 58 分，日本神奈川县小田源近海海底发生了 8.2 级地震，震中区包括日本东京、横滨两大城市在内的关东南部地区；1960 年 5 月 21 日下午 15 时，智利发生 8.3 级地震（也有的资料认为震级高达 9.5 级）；2008 年 5 月 12 日下午 14 时 28 分，我国四川省汶川县发生 8.0 级地震等[35][58][59]。

尽管浅源地震深度不超过 70 千米，地震多发生在 15 千米左右的地壳中，但应用先进的技术和设备，花费巨额资金，目前，人类能对地壳达到的钻探深度也仅达12千米左右。虽然人们目前尚不能直接考察震源情况，目前一般是通过在地壳表层设置监测仪器，监测地下水位、地壳形变、地磁、地电、地应力、重力场变化、水化学以及地下水氢气含量变化、动物活动异常等，较为间接地探测地壳深处的变化情况，地震预报仍然是当今世界上的科学难题之一；但是，随着科学技术的飞速发展、科技水平的不断提高，人类将来总有一天能够完全预报地震自然灾害，将地震等自然灾害造成的损失降到最低限度。

第二节　不得不面对的生态环境状况

一、环境

《中华人民共和国环境保护法》中明确指出："本法所称环境，是指影响人类生存和发展的各种天然和经过人工改造的自然因素的总体，包括大气、水、海洋、土地、矿藏、森林、草原、野生生物、自然遗迹、人文遗迹、自然保护区、风景名胜区、城市和乡村等。"[60] 就是说，环境是指以人类为主体和中心的全部外部世界，也就是围绕着人类的空间，包括可以直接和间接影响人类生活、生存和发展的各种自然因素及其构成的总体，自然因素（也称自然要素）主要指大气、水、日光、土壤、岩石、生物等[39]。

人与环境之间，有着极为密切的关系，人体的物质组成与环境的物质组成很明显的统一性，并保持一定的平衡关系，环境是人类生活、生存和发展的基础。

 小贴士：

生态环境

人们在谈话中，有时就谈到生态环境，那么，生态环境的含义是什

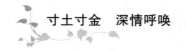

么呢？

生态环境的含义是相当广泛的，其主要内容为：所有生物（动物、植物、微生物等）与其生存环境之间的相互关系；在一定自然环境条件下，生物的生存和发展的状态；以人类为中心，直接以及间接影响人类的生活、生存和发展的各种环境要素及其构成的相互的密切联系、相互制约、相互依存的关系，这统一的综合整体，称为生态环境[8][61]。因此，生态环境既包括了以人类为主体和中心的外部世界即全部围绕着人类的总体环境，又包括了所有生物与其生存环境之间的相互关系及生物生存、发展状态机理和规律的综合含义的全部内容。

党的十七大报告中明确提出了"建设生态文明"，这是很重要的。什么是生态文明呢？生态文明是指人类与自然和谐相处，强调人类在处理与自然关系达到的文明程度，人与自然环境的和谐统一，做到经济社会的全面协调可持续发展。社会主义的物质文明、政治文明、精神文明都离不开社会主义的生态文明，如果没有良好的生态环境条件，没有生态安全，人类就会陷入生存危机，所以，可以说生态文明是物质文明、政治文明、精神文明的基础与前提，如果没有生态文明，就不可能具有高度发达的物质文明、政治文明和精神文明[62]。

生态文明是人类社会继农业文明、工业文明后的新型的文明，是以人与自然协调发展作为准则，建立健康有序的生态机制，从而实现经济、社会和自然环境的可持续发展[62]。全面建设小康社会，包括经济建设、政治建设、文化建设、社会建设和生态文明建设，随着经济总量的不断增长和人口的增加，人们对能源、资源的消费需求量也会逐渐增加，排放污染物的数量也会增多，但人们对环境质量的需求也必然逐步提高，所以在全面建设小康社会的整个进程中，必须更加节约资源和保护环境，实现国内生产总值（也就是人们常讲的 GDP）增长的过程中，一定要做到有效控制主要污染物排放逐步减低和生态环境质量明显改善，做到整个社会的生产发展、人民生活富裕、生态环境优良、生态文明高度发展的和谐发展之路。

二、环境保护

环境保护，也就是防止环境污染和生态破坏，使环境更好地适合人类的劳动、生活、生存与发展，以及自然界中的生物正常的生存。环境保护具有极为重要的意义，因为自然环境是人类赖以生存的基础。环境保护主要包括两方面的工作，一是合理开发利用和保护自然资源，防止环境污染与生态破坏，保护和改善环境质量。二是对于已经造成的环境污染与生态破坏，进行综合治理与恢复、改善、重建工作，使之成为良好的生态环境，为人类建成洁净适宜的劳动与生活环境，保护人民健康，促进社会和谐发展。环境保护工作涉及到很多学科、关系到社会的各个方面，各行各业、各部门、各方面都应按照国家的法律和有关规定，认真做好环境保护工作，要真正落实保护环境这项基本国策[8]。

三、农业环境和农业生态系统

农业环境：农业环境是人类生存环境极为重要的组成部分，农业环境是指农业生物正常生长繁育所需的各种环境要素的综合整体，主要包括水、土壤、空气、光照、温度等环境要素，这些要素是作物、畜禽和鱼类等农业生物生长繁育的最基本条件，也是农业现代化的最为重要的物质基础。

农业生态系统：农业生物群落和农业环境之间相互作用、相互制约、相互联系与相互影响而构成的统一整体，称为农业生态系统。农业生物群落是指生活在一定的具体地区内的农业生物群体，以多种多样的方式彼此发生作用、相互结合在一起形成的有一定规律的特殊集合体。农业生物群落和农业环境之间，通过物质循环与能量转换及信息等紧密地联系在一起[8]。

四、农业环境保护

采用多种有效措施防治各种工业有毒物质和农业生产中使用的农用化

学物质（农药、化肥、农膜等）对农业环境的污染，以及防治因不合理地利用自然资源（如盲目滥垦草原、滥伐森林、毁林滥垦等）对农业生态系统造成的破坏，称为农业环境保护，其最终目的是使农业生产持续发展，农业生产能力永不衰退，农业生态环境越来越好，不断提供优质高度的农业产品，以满足人民群众不断增长的需求[8]。

五、生态系统

生物群落与其赖以生存的环境之间，通过不断的物质循环和能量流动及信息流动而相互依存、相互制约，这样共同组成的动态平衡系统，叫作生态系统。

自然界的生态系统是多种多样的，大小不一，小如一块草地、一条小溪或一个小土丘，大至辽阔的草原、茂密的森林、浩瀚的海洋，以及人工营造的果树园、种植农作物的田地，或一座城市，甚至包括地球上所有生态系统的生物圈，都可以看成是不同规模和不同类型的生态系统。由于不断有能量和物质的输入及输出，因此生态系统是开放的动态系统。生态系统具有自身调节和自我维持的机能，对进入的污染物具有一定的净化能力。当进入的污染物量较小，生态系统可以通过自身的净化能力（物理、化学及生物学等方面的净化作用），使污染物逐渐被消解，所以尚不致造成危害。但是，如果污染物量超过了生态系统的自净能力，就会造成生态环境的污染，使生态系统的结构与功能受到破坏。

生态系统一般包括四个基本组成部分：非生物物质和能量（如水、氧气、二氧化碳、无机物、日光等）；生产者（制造有机物的绿色植物等）；消费者（主要是动物）；分解者（包括细菌、真菌等）[8]。

六、生态平衡

生态平衡也称自然平衡。生态系统不断进行着物质循环和能量交换及信息传递，所以生态系统的各个成分或因素之间都存在着相互联系、相互制约和相互依存的关系，在一定条件下，一个生态系统的生产、消费和分解之间，通过各种相互作用而达到相对稳定的平衡状态，生态系统自身趋向于在动态中维持相对稳定和相对的平衡，这种平衡称作生态平衡。例如，由于不合理地使用农药，使棉蚜产生了抗药性，而棉蚜的天敌七星瓢虫、草蛉等被大量杀灭，破坏了棉花蚜虫与其天敌之间的生态平衡，从而导致棉蚜猖獗，造成棉花减产[8]。

七、食物链及食物网

食物链是指生物群落中各种动植物之间由于食物的关系所形成的食物转移，这种食物关系连锁称为食物链，也叫营养链。例如，绿色植物在阳光下进行光合作用，将二氧化碳转变成有机物存于体内，而绿色植物为草食性动物所食，草食性动物又被肉食性动物所食，形成了一种食物链索的关系。又如，蚜虫吸食植物，七星瓢虫、多异瓢虫食蚜虫，山雀食瓢虫，老鹰食山雀，这即是一条食物链。自然界中的各种生物之间的食物关系是很复杂的，多种食物链之间交错形成网络状，称为食物网。食物链及食物网对维护自然界的生态平衡起着重要的作用，其中任何一个环节遭到破坏，都会不同程度地影响生态平衡，任何一个环节有了改变，则会引起整个食物链发生变化[8]。

八、自然保护区

为保护自然环境、自然资源及其生态系统，保护生物物种、尤其是珍稀或濒于灭绝的物种，和自然历史遗产等而划定的进行保护与管理以及科研的特定的自然区域，叫做自然保护区[43][63]。对自然保护区内的自然环境、自然资源及其生态系统进行保护，即对自然保护区内的土地、水域、动植物、矿物岩石等自然资源进行保护，使其尽可能恢复到原状态或得以逐步恢复并保持自然状态，所以，设立自然保护区，是自然保护的一项极为重要的措施，对于合理利用自然资源，保护不同的自然生态系统，保持生态平衡，保护、恢复与改善自然环境，探索和研究自然界的客观规律，从而达到人类与自然界合谐相处，永续合理利用自然资源，达到生产建设

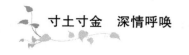

可持续发展等，都具有极其重要的意义。

我国自然环境条件极为复杂，自然资源丰富，地质历史悠远而且形成了多种多样的景观地貌类型，我国有高耸巍峨的高山和辽阔的高原，有广袤的平原与巨大的盆地，还有许多具有独特自然景观和自然资源的地域，都具有很重要的保护价值和重要意义，例如，虽然我国也受到第四纪冰期降温等的明显影响，但由于我国国土辽阔，山地地形极为复杂，我国南方许多山区并未被冰川覆盖，所以北方的生物，逐渐向南迁移，山区地形地貌的多样性，为许多生物物种提供了适于生存的"生存场"和"避难所"，而且在间冰期及冰期后，气候转暖，生物有可能得到发展并且逐渐向北方发展，或由海拔低处向较高海拔地区发展，在生物逐渐迁移发展中，又可能变异出现新的生物物种等[63]。根据 2008 年我国国民经济和社会发展统计公报，截至 2008 年底，我国的自然保护区已达到 2 538 个，其中国家级自然保护区已达 303 个[64]；据 2009 年中国国土绿化状况公报，我国森林覆盖率已达 20.36%，全国林业系统自然保护区总数已达 2 012 处，总面积达到 1.23 亿公顷，占国土面积的 12.8%[76]。截至 2009 年底，我国已建立自然保护区 2 541 个，占国土面积的 14.7%[49]。规划到 2050 年，我国自然保护区的面积大约占到国土面积的 18%[77]。

九、温室效应与极端冰雪严寒天气

温室效应的含义是：太阳的短波辐射能够通过大气层中的二氧化碳等温室气体而到达地球表面，但是由地面辐射出的长波辐射被二氧化碳等温室气体吸收，从而破坏了地球表面入射的能量和辐射逸散出的能量之间的平衡，使地球表面增高温度的现象，称为温室效应[65]。在大气中，具有温室效应的气体有二氧化碳、氯氟烃（CFC）、甲烷、氧化亚氮等，其中，二氧化碳是释放量最多的一种温室气体，也是具有温室效应最为主要的气体。

地球的大气，原本就存在着"一定的"温室效应，从而使地球保持了适宜于人类生存的正常的温度[20]。但是，由于人类活动规模的扩大以及不合理的活动等原因，向大气排放过量的二氧化碳等温室气体，使温室效应明显增强；例如，由于世界石化燃料（石油、煤、天然气等）消耗量的大量增加，使排放到大气中的二氧化碳等气体增多。目前，经济发达国家仍然是二氧化碳等温室气体的主要排放国[66]。又如，地球的森林植被等被大量砍伐破坏，从而使大气中许多应被森林被等所吸收的二氧化碳没有被吸收[8]。

　　温室效应的增强，全球气候变暖，这是人类面临的重要环境问题之一，对人类生存及对农业生产的影响，具有重要的研究价值。气温升高将使海水变暖和海水水体膨胀，加上极地冰雪的融化，海平面上升，特别是沿海地区尤其是沿海低地，海拔高度很低的岛屿等，这些地方可以遭受海水入侵甚至有淹没的危险。由于温室效应导致的降水格局有所变化，气候异常，旱涝的频率增加，旱涝在时空分布上有所变迁，高纬度的某些低地可能经常渍涝，而一些中纬度地区，夏季少雨，蒸发量大，变得酷热，水资源问题更加突出；农、林、牧业也将受到一定影响，因为气候变暖，农业病虫害将会增多，加速害虫繁殖和植物病害的发生；温室效应气体中的氯氟烃类化合物，还能破坏臭氧层，导至紫外线辐射增强，可能危害生物的正长生长。温室效应造成气候变暖，还可能影响人类健康，加大疾病的发生，增加传染病，导至死亡率增高。虽然二氧化碳浓度增加可能会增强植物的光合作用，但全球气温的增加和降水区的变化等，使世界许多地方的自然生态系统和农林牧业不能很快适应这些变化，所以有可能遭受到很大的破坏性影响。2009 年 11 月 25 日国务院常务会议决定：到 2020 年，我国单位国内生产总值（GDP）的二氧化碳排放比 2005 年下降 40% ～ 45%，作为约束性指标纳入"十二五"及其后的国民经济和社会发展中长期规划，并且制定相应的国内统计、监测、考核办法。我国政府确定减缓温室气体排放的目标是根据自身国情所采取的自主行动，不附加任何条件，也不与任何国家的减排目标挂钩[67]。我国是一个发展中国家，在发展过程中，减缓二氧化碳排放量增长，不断提高二氧化碳排放产生的效益，符合我国国情和发展阶段，也体现了我国为应对气候变化所做的不懈努力和宝贵的贡献，同时也符合《联合国气候变化框架公约》及其《京都议定书》的要求，符合"共同但有区别的责任"原则，经济发达国家要承担中期大幅量化的减排指标，发展中国家根据国情采取适当的减缓行动。

同时，需要认真注意的是，2010 年新年伊始，我国北方地区遭遇 50 多年来最大暴雪袭击和出现严寒；2010 年 1 月 23 日，渤海 51% 的海域被冰层所覆盖，渤海海水面积过半，达到入冬以来最大值。同时，北半球的亚洲、欧洲和北美洲大部分地区也遭遇了罕见的寒潮及严寒冰雪天气[68][69]。从地球的地质历史和气候变迁来说，地球的气候发生过很大的变化，大约一万年前，最后一次冰河期结束[66]，地球气候相对地稳定在人类适宜、或者说稳定在人类习以为常的状态。地球从太阳吸收的能量同地球向外散发的辐射能量是相平衡的，地球温度由太阳辐射到地球表面的速度和地球将红外辐射线散发到空间的速度及强度而决定的。由于人类不合理活动等原因，化石燃料消耗的持续增长和森林等植被遭到严重破坏等，人为排放的二氧化碳等温室气体不断增长，大气中的二氧化碳含量明显上升，导致了全球气候变暖，但这是问题的一个方面。

不同看法、不同意见，在科学研究中是允许的，也是正常的现象，都需要在实践中接受检验，我们应以事实为根据，用科学方法进行分析。2010 年初的这场大范围的寒潮冰雪灾害天气，专家们认为，由于地球北极上空大气压力场的极端变化是引发这次北半球大范围寒潮冰雪的主要原因，北极上空的大气压发生变化，高空低压槽后部的西北气流变得非常强劲，引动反气旋系统南下，将冷空气推到了更较南的地区，造成了北半球更大范围的严寒冰雪。事实上，极端天气、特别是极端严寒天气和全球气候变暖，实质上并没有冲突，因为全球气候变暖增加了极端天气发生的概率。主要由于人类不合理活动而引起的全球气候正在变暖的趋势，确有基本事实，正如联合国政府间气候变化专门委员会发布的报告中指出的，人类活动排放的温室气候是导致近 50 年来全球气候变暖的主要原因[69]。但是同时，每隔一些年份，极端冰雪严寒天气的往复出现，也是事实，要加深研究大气环境与海洋流等与地球极端天气、尤其是极端严寒冰雪灾害天气、旱、涝灾害等可能出现的客观规律，尽可能地做出较为准确的预报。

地球气候的变化涉及许多学科领域，涉及到气候变化各因素及各因素间的相互作用及其综合影响，涉及到太阳辐射、大气构成、陆地、海洋等许多方面，地球大气环流、海洋洋流等，有其自身的变化及其客观规律，但是，有些客观规律，我们人类也正在不断探索或加深认识当中。有些提法还需要进行研究，比如，有的科学家认为，当前的全球气候变暖，只不过是气候自然变化长河中的一个变化周期，这次北半球出现的大范围寒潮说明全球变暖将停止，近 20 年来的全球气候变暖主要是由于地球海洋冷暖交替周期变化引起的，有人甚至预言地球将进入"小冰河期"（也称微型冰河期）[69]。

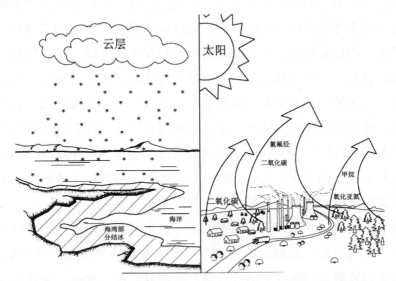

图（2）：气候变暖示意图　图（3）：冰冻雨雪天气示意图

地球气候变暖的趋势，以及地球出现的极端天气，包括极端严寒冰雪、干、涝等灾害天气，都应加强研究，进一步加强监测和预报工作，以

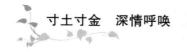

尽量减少人类社会经济建设和人民生活受到损害与不良影响。

十、保护臭氧层

在地球环境演化过程中，游离氧的出现逐渐改变了大气的成分，随着大气中的氧浓度的增加，大气层中逐步形成了臭氧层。从平均高度 12～14 千米的对流层顶部到平均高度 55 千米左右的平流层之间，臭氧层是位于平流层中的臭氧比较集中的气层，臭氧大部分聚集在离地面 20～30 千米的高度。除臭氧层外，大气层中的臭氧含量是很少的，含量仅为 1 亿分之一；但是在距地面 20～30 千米（主要约为 20～25 千米）的平流层中，有臭氧层存在，其臭氧的含量占这一高度空气总量的 10 万分之一[8][66]。臭氧层中的臭氧含量虽然微少，但是其作用却很大，具有强烈的吸收紫外线的作用。所以，臭氧层能很有效地阻挡来自太阳紫外线的侵害，使地球上的生命包括人类，能以存在和发展。臭氧层能将太阳辐射到地球表面的约 99% 左右的紫外线阻挡与吸收掉，而透过臭氧层的很少量的紫外线，又可起到杀菌等的良好作用。假如没有臭氧层的存在，地球上很可能是一个没有生命的世界[8]。如果臭氧层减少，将使皮肤癌患者人数增加，并将使白内障致盲人数增加和损害人体免疫系统；臭氧层的减少和太阳紫外线辐射的增加，还将会造成农业减产，在强紫外线辐射下，许多植物将受到严重伤害，影响幼苗生长，一些植物的花粉失去繁殖能力，作物减产，危害生物的生长发育，包括对海洋生物的生长、繁殖也将产生不良影响，对地球生态环境将造成严重的不良影响。

大气中的臭氧（O_3），是由氧原子与氧分子结合形成的，大气中的一部分氧，在太阳紫外线辐射的作用下，发生自身分解作用产生了氧原子，足够数量的氧原子与氧分子结合，逐步形成臭氧层。那么，为什么主要约在离地面 20～25 千米的高度形成臭氧层呢？原因是在大气上层，也就是在大气的中间层以上，紫外线强度很大，氧分子几乎全部发生自身分解，形成了氧原子，所以氧原子非常充足，但这里的氧分子的数量很少，因此，形成臭氧的机会是很少的，有时即使形成臭氧，也由于紫外线的作用，引起臭氧自身分解，所以在气大的层，臭氧含量很少，更形不成臭氧层。但在大气底层，也就是对流层以下，紫外线辐射已被上层大所气强烈吸收，氧分子的分解显著减少，因此，这里虽然存在着大量氧分子，但由于不可能存在同等量的氧原子，所以在这里更不能形成臭氧层。而在大气距地面平均垂直高度 12～55 千米的平流层，特别是在大气距地面平均垂直高度 35 千米左右处，大气中的辐射对形成臭氧是最有利的，因上层大气对紫外线辐射的吸收，紫外线辐射强度到这里已经减弱，但仍能使部分氧分子分解，不但有足够的氧分子存在，又有足够的氧原子存在，从而形成了臭氧，通过下沉气流的作用，将臭氧向下运送，主要约在距地面平均垂直高度 20～25 千米处形成了臭氧层。在地球大气的垂直分层中，相对而言，臭氧层仅仅是大气层中的薄薄一层，臭氧层的厚度一般仅为 5 千米左右[72]；犹如一张大伞，搭在地球之上，这就是保护人类和其他生物的"生命之伞"——臭氧层。

小贴士：

　　人类了解认识到大气平流层中有臭氧积聚已有近百年的历史，但开始注意臭氧层破坏则是 20 世纪 70 年代以后的事情了[70]。1985 年，人们发现在地球南极地区上空的臭氧层中有一个大洞，其面积约近 1 千万平方千米；1986 年，人们在北极地区上空，也发现了臭氧层中有一个空洞，但其面积约只有南极地区臭氧空洞的 1/5，其后，南极及北极地区上空臭氧层的空洞又有所扩大；人们以后又发现，地球大气中的臭氧层的破坏，可以说是全球性的问题，例如，在北纬 30～64 度人口稠密地区，臭氧层在冬季约减少 4%，在夏季约减少 1%[8][66]。鉴于臭氧层受到一定破坏的情况及有关问题，1985 年在联合国环境规划署的推动下，在维也纳鉴订了《保护臭氧层公约》；1987 年在加拿大，联合国环境规划署又组织制定了《关于消耗臭氧层物质的蒙特利尔议定书》；1990 年 6 月，在伦敦召开了世界保护臭氧层大会；修正的《关于消耗臭氧层物质的蒙特利尔议定书》，于 1990 年 6 月 29 日在伦敦举行的该议定书缔约国第二次会议上通过；并于 1992 年 8 月 10 日生效。由于我国已经在 1991 年 6 月 13 日向联合国秘书长申请加入修正的《关于消耗臭氧层物质的蒙特利尔议定书》，所以，在修正的该议定书生效后，我国也正式成为该议定书的缔约国[8][71]。

对臭氧层起破坏作用的，主要是氯氟烃类（CFC$_s$）化合物，如氟利昂（也称氟氯化碳 CFC），哈伦（CFCB）、氟氯烃（HCFC）等。氯氟烃类化合物是一组人造的化学性质很稳定的化合物，近数十年来，工业上用作制冷、气溶胶、塑料发泡、消防、电子原件及精密器件清洗等许多领域，广泛使用了氯氟烃类物质，这类物质在生产、使用以及废弃等过程中，呈气态上升逸入大气，在低层大气中基本不分解，但是当氯氟烃类化合物（气体）上升到大气平流层时，在紫外线照射下，分解出氯游离基（也称催化氯原子或自由氯基），这种氯游离基迅速破坏臭氧分子，使臭氧分解成氧气，并且进行连锁反应，所以每个催化氯原子可以使成千上万个臭氧分子受到破坏，而且，氯游离基等在高空稀薄空气条件下能较长时间存在，催化臭氧解体，因此，臭氧层就会受到一定程度的破坏[8][70]。氯氟烃类物质的使用量，经济发达国家占全世界总使用量的主要部分，而发展中国家只占总使用量的很少部分。随着时间的延续，有关保护臭氧层的公约及议定书等开始逐步落实，向大气层排放的消耗臭氧层的物质（主要是氯氟烃类化合物）已经逐年减少，大气对流层、尤其是平流层中消耗臭氧层物质的浓度已经下降。但是，由于氯氟烃类化合物相当稳定，在相关大气层中预计可存在约 50～100 年，随着有关公约和议定书落实履行，据联合国环境规划署的预测，到 21 世纪的中期，大气中的臭氧层浓度才可能达到 20 世纪 60 年代的水平[66]；也就是说，到 2050 年左右，大气中的臭氧层有可能得到完全恢复。

　　主要是完全停止氯氟烃类物质的使用，并且妥善找出良好的代替物质，包括合理减少化石能源的用量等，认真落实与执行国务院常务会议通过并于 2010 年 6 月 1 日起施行的《消耗臭氧层物质管理条例》[89]；并且通过大气中的臭氧层自然恢复和"自净"作用，大气中的臭氧层是能够得到保护和恢复到原来良好水平的。

十一、保护生物多样性

　　生物多样性是指一个地区内的生物遗传基因、物种及生态系统多样性的总和，生物多样性包括了遗传基因的多样性、生物物种的多样性和生态系统的多样性，是全面概括了生命系统从微观到宏观的不同的方面[66][77]。

　　根据联合国《生物多样性公约》的解释，生物多样性是指地球上所有来源的生物体，包括陆地、海洋和其他水生生态系统及其所构成的生态综合体，包括了物种内（遗传基因的多样性）、物种之间（生物物种多样性）和生态系统的多样性[11][90]。遗传基因的多样性包括同种的不同种群和同一种群内的遗传变异，即种内的基因变化；物种多样性是指一个地区内的物种的变化，也就是该地区生命有机体（物种）的多样性；生态系统多样性是指生物群落和生态系统的变化及其多样性。从地球的地质年代地史和原始生命出现和发展可知，生物多样性现存的数量及分布等，是约在 35 亿年前原始生命、原始生物出现和发展及生物进化的历史进程的结果；是物种迁徙变化，尤其是由于人类的出现、特别是近数百年人类的不合理活动对生物多样性造成显著的不良影响的结果。

　　小贴士：

　　有关资料估计，地球物种总数可能约在 1 300 万～1 400 万种之间，其中约有 170 万种经过科学描述[66][77]。由于我国具有的自然历史条件，尤其是自第三纪后期以来，我国大部分地区未受到冰川覆盖的影响，因而保留了很多在北半球其他地区早已灭绝的生物、古老了遗种类，以及一些在发生上属于原始的或孤立的类群，我国辽阔的地域，复杂的自然条件，孕育了极其丰富的生物物种资源，植物具有泛北极、泛热带、古热带、古地中海及古南大陆等各种区系成分；动物包括有古北界及东洋界的动物区系成分[19]。我国约有苔藓、蕨类和种子植物 3 万余种，约占世界种数的 10%；兽类、鸟类、爬行类、两栖类动物在我国有 2 100 多种，约占世界种类 10%，鱼类约有 3 千余种，属于我国特有的脊椎动物 667 种，均居世界前列；我国具有陆地生态系统的各种类型；海洋和淡水生态系统类型也相当齐全。我国是世界农作物起源的八大中心之一，是世界四大栽培植物起源中心之一，花卉种类也极为丰富；包括昆虫在内的无脊椎动物种类纷繁，粗略估计不下 100 万种[19][91][92]。就植物种类来说，我国与世界上植物区系丰富的国家或地区相比较，仅次于马来西亚（约有植物 45 000 种）、巴西（约有植物 40 000 种），居于世界第 3 位[14]。我国是世界上生物多样性最为丰富的 12 个国家之一，是世界上四大遗传资源起源中心之一[93]。根据国际保护组织公布的结果，中国生物多样性的丰富程度居世界第 8 位，生物多样性是包括物种、遗传基因和生态系统的多样性，而野生动植物资源是其中重要方面[14][91]。充分利用我国优越的自然条件和物种资源优势，加强对生物多样性的研究、保护与合理利用，对我国科学技术与经济发展具有重要的战略性的意义。

在自然界生物进化过程中，由于自然规律等原因，有些物种的灭绝是不可避免的。据有关资料，在已经过去的几千万年里，有些物种一直在灭绝；但是不同的是现在的物种灭绝有很大一部分是由于人类不合理活动引起的，例如，自公元 1600 年以来，有记载的 484 种动物和 654 种植已经灭绝[77]。文献资料中还引用了世界自然基金会有关人士所说的，自 1970 年以来，地球上的生物物种约消失了 30%，而其中，热带雨林中的生物物种减少了 50%；欧盟环境委员季马斯指出，地球上的生物物种正以千倍于大自然正常规律的速度消失[90]。人类因生物多样性才得以生存，生物多样性是大自然的自然财富，也是人类生存的基础，人类从野生和驯化的生物物种中，得到了几乎全部食物，许多的药物、工业原料和产品；地球上约有 7 万~8 万种植物可以食用，其中可供大规模栽培的植物约有 150 多种，而迄今被人类广泛利用的虽然只有 20 多种植物，但却已约占世界粮食总产量的 90%；驯化的动植物物种基本构成了世界农业生产的基础[66]。不但人类的食物、药物、工业原料及能源等多种生产生活必需品来自生物多样性，而且生物多样性在维护生态安全，保护环境，特别是在净化空气、保证水质、保持土壤肥力等方面起着巨大的作用[94]。而生物多样性还可为人类提供各种特殊的遗传基因，使得培育动植物新品种成为可能，有些野生生物的价值和用途目前还不清楚，其潜在价值尚不明了，如果这些野生生物由于多种原因而从地球上消失的话，它们可能存在的多种潜在价值和可能对人类有用的未来的应用成果就不复存在。我们一定要做好自然保护区的建设和保护；保护好森林、草原、湿地、海域等各种生态系统类型，保护好农田、农地等农业生态系统，保护好生物多样性丰富区域、典型生态系统分布区域；保护好我国特有的、应用价值高的和珍稀濒危等的各种生物物种及农业生物物种；保护好重要的生物遗传基因资源。

　　保护生物多样性既是国际社会共同面临的环境问题，也是事关人类繁荣进步的发展问题[93]。生物多样性的减少或者遭到那怕是些许程度的破坏，都会直接或者间接威胁人类生存的基础。所以，国际上较早地采取了行动，保护生物多样性，保护各种生物物种、遗传基因和生态系统资源，20 世纪 70 年代初以来，通过了以野生动植物的国际贸易管理为对象的华盛顿公约、以保护湿地为对象的拉姆萨尔公约、以候鸟等迁徙性动物保护为对象的波恩公约、以世界自然和文化遗产保护为目的世界遗产公约等；1992 年，联合国环境与发展大会上通过了《生物多样性公约》[66]。我国先后加入了华盛顿公约、拉姆萨尔公约、世界遗产公约等，并且于 1992 年签署加入了《生物多样性公约》。在保护生物多样性的各个方面，我国做出了实实在在的、卓有成效的工作，从 20 世纪 80 年代初以来，我国政府已开始将计划生育和环境保护作为社会主义现代化建设的两项基本国策，把经济和社会发展与资源、环境相协调，走全面协调可持续发展之路。1994 年 3 月 25 日，国务院第 16 次常务会议通过了《中国 21 世纪议程——中国 21 世纪人口、环境与发展白皮书》，成为世界上第一个编制国别"21 世纪议程"的国家（1992 年联合国环境与发展大会通过了共有 40 章的《21 世纪议程》)[8][66]。5 月 22 日是国际生物多样性日，2010 年又是联合国确定的国际生物多样性年[92]。2010 年 5 月 18 日，我国召开了国际生物多样性年中国国家委员会全体会议，中央领导有关同志指出，要按照建设生态文明的要求，遵循自然规律和发展规律，把保护生物多样性与合理利用结合起来，推动可持续发展，建立健全生态保护体系，保护好生物物种和重要生物遗传资源等；要办好国际生物多样性年各项活动，宣传普及生物多样知识，使保护生物多样性，建设生态文明成为全社会的自觉行动等[93]。

　　我们要认真贯彻有关中央领导同志的讲话精神，深入贯彻落实科学发展观，进一步落实保护生物多样性的各项工作，推进生态文明建设，实现生物多样性的可持续利用。这里，要着重指出，人类因生物多样性而得以生存，保护好生物多样性，可以说也就是保护了人类自身。

 小贴士：

厄尔尼诺现象

　　厄尔尼诺现象是指赤道东太平洋和中太平洋区域大范围的海水升温现象；有些年份，海水升温可达 4℃以上，例如，1982～1983 年，厄尔尼诺现象再次发生，东太平洋表层海水升温最多可达 6～7℃，因强度大，持续时间长，对全球若干地区的气候造成严重影响，灾害频发[72][73][74]。

　　厄尔尼诺现象发生的原因，是太平洋赤道带大范围的海洋和大气相互作用并失去生态平衡，引起大气环流异常，而产生的一种气候现象，厄尔尼诺现象一般出现在圣诞节前后，厄尔尼诺（Elnino）是西班牙语，意为"圣婴"，即"上帝之子"之意，大约每隔一定年份（例如3~5年左右），赤道东太平洋、中太平洋区域出现一次大范围的海水升温即厄尔尼诺现象。厄尔尼诺现象的周期性出现，造成地球一些地区雨雪成灾，而另一些地区气候高温干旱。人们认识到如果逐步弄清楚厄尔尼诺现象的发生原因及其作用实质，提早较为准确地做出天气预报，采取抗旱、防涝措施，减少旱涝等灾害损失，既使在灾年中也能夺取作物的丰收。

 小贴士：

拉尼娜现象

拉尼娜现象是指赤道中东部太平洋海水的降温现象；有些年份，海水降温可达4℃左右，所以也被称为"反厄尔尼诺现象"，拉尼那（Lanino）意为女孩。因海水温度变化等原因，引起大气环流异常，使世界上一些地区出现酷热，天气干旱，一些地区出现洪涝灾害[73]。例如，自2007年8月以来，赤道中东太平洋海温进入拉尼娜状态并迅速发展，至2008年1月，已连续6个月赤道中东太平洋海表温度较常年同期偏低0.5℃以上，大气环流出现异常，是影响我国东部地区2008年1月出现的罕见的大范围持续低温雨雪冰冻天气的重要原因之一[75]。

一个地区的天气状况是受多种因素影响的，譬如由于人类的不合理活动导致的生态破坏、环境污染、温室气体的大量排放等，都可能对当地气候包括气候异常造成影响，但是，拉尼娜现象及厄尔尼诺现象造成的赤道中东太平洋海温突出的变化，引起的大气环流异常，无疑对一些地区的气候异常，造成了明显的影响。

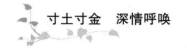

十二、沙尘天气

沙尘天气是指风力把地面沙粒、石砾、尘土等吹卷到空中，使空气混浊、能见度下降的天气现象。沙尘天气属于一种灾害性天气，而且也是一个严重的生态问题。

按照沙尘天气发生时的天空状况和风力强度，将沙尘天气分为5个等级，即浮尘、扬沙、沙尘暴、强沙尘暴和特强沙尘暴。

1. 浮尘：浮尘天气是指尘土及细沙均匀飘浮于空中，使大气水平能见度小于10千米，浮尘多来源于远处的沙尘，经上层气流传来；或者是出现沙尘暴和扬沙天气后，尚未下沉的细沙尘粒飘浮空中造成的。

2. 扬沙：扬沙天气发生时，风力较大，大风将地面尘沙吹起，大气水平能见度为1~10千米以内。

3. 沙尘暴：大风将地面尘沙、石砾吹起，空气浑浊，大气的水平能见度小于1千米。

4. 强沙尘暴：指强风将地面石砂、沙尘卷起，空气非常浑浊，水平能见度小于500米的天气现象。

5. 特强沙尘暴：俗称黑风暴，大气水平能见度小于50米，狂风将地面石砾、沙尘卷起，风力大于10级以上，空气特别混浊，有的特强沙尘暴水平能见度甚至可能不见咫尺，被形容为"伸手不见五指"[78][79][80][81]。

对于沙尘粒径的分级，多采用国际制标准，石砾直径（以下均为毫米）大于2，粗沙粒2~0.2，细沙粒0.2~0.02，粉沙粒0.02~0.002，黏粒为小于0.002。沙尘暴（包括强沙尘暴、特强沙尘暴）将以上几乎所有粒径物都挟带起来；扬沙主要扬起的是粗沙粒、细沙粒以及粉粒，个别也夹杂有小石砾；而浮尘主要为粉沙粒及黏粒，个别也夹杂细沙粒。

发生沙尘天气，一般需三个条件，一是需要有强劲的大风；二是需要有强的对流不稳定垂直上升气流；三是需要有巨量的沙尘物质，尤其是干燥松散裸露的沙尘物质，遇到大风和大气不稳定强对流，最易形成沙尘暴。我国北方冬春季最易发生沙尘天气，影响我国沙尘天气的沙源地区，我国境内的沙源区主要是内蒙古中东部浑善达克沙地和苏尼特盆地部分地区、阿拉善地区等地（巴丹吉林沙漠等）至中蒙边界一带，新疆南部的塔克拉玛干沙漠及北部的古尔班通古特沙漠等地；境外沙源区主要有蒙古国中南部及东南部戈壁、荒漠和哈萨克斯坦东部的沙漠区等。需着重说明，沙尘天气中的沙尘暴和扬沙，其所挟石砾、粗沙粒、细沙粒等，大部分为本地或附近地区的粗粒级物体，被大风吹起造成的；而所携粉沙、黏粒等有可能从当地、附近或从较远地区被强风吹于空中飘浮而来的，所以，防治当地及附近地区的石砂、沙尘扬起，具有特别重要的意义。

沙尘天气在世界许多国家也发生过，例如 20 世纪 30 年代，在美国发生了特强沙尘暴，主要原因是当时美国对已经是半干旱气候条件下的西部草原进行盲目开垦，把不适宜用做农田的天然草原垦为农田，用于种植冬小麦等作物，但是草原盲目垦为农田后，冬春季没有较好的地面植被覆盖，地表裸露且被垦后土表变得疏松，在大风和强对流不稳定的垂直上升气流激烈等天气条件与大量的地表沙尘物，导致形成了沙尘暴天气，所以在 1934 年 5 月 12 日等日子，美国西部发生了特强沙尘暴；后来，美国根据当地情况，研究出对耕地不进行深翻和轮耕，对非耕不可的土地也只采用园盘犁耕并减少耕作次数，减少了土壤风蚀和增加土壤对降水的蓄存能力。同时，美国加强了对草原的保护，严禁盲目滥垦及过度放牧，结果，取得了成效，70 多年来，再也没有发生类似 1934 年特强沙尘暴的事件。20 世纪 50～60 年代，前苏联的西伯利亚和南部平原等的大范围地区，发生了黑风暴和强沙尘暴天气。2002 年 10 月，澳大利亚中东部地区也发生了沙尘暴。中亚、北美、中非和澳大利亚等地，都属于沙尘暴高发区，而我国西北地区也处于中亚一带的沙尘暴高发区的范围内。

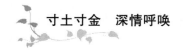

小贴士：

2010 年 3 月中旬至 3 月下旬，我国已出现 6 次沙尘天气，其中有 1 次强沙尘暴、3 次沙尘暴、2 次扬沙天气。2000～2010 年这 10 年间，其 1～3 月沙尘天气的平均次数为 6 次，与 2010 年 1～3 月出现的次数是相当的。从 20 世纪 60 年代以来，总体来说，我国沙尘天气呈现减少的趋势，20 世纪 60 年代我国北方地区发生沙尘天气达 21 次，20 世纪 70 年代发生 19 次、80 年代发生 22 次、90 年代发生 16 次，自 2000 年以来，2001～2009 年年均发生 12 次[81]。

沙尘天气属于灾害性天气，尤其是沙尘暴、强沙尘暴等，对生态环境造成的破坏是相当大的，对经济造成的损失巨大，大风挟带飞沙走石，摧毁建筑物及社会公用设施，吹断电线，吹毁交通运输车辆引发交通事故，危害人以及畜禽等的安全，而工矿企业、石油、天然气等的正常生产也遭受沙尘暴的干扰破坏；巨大的风沙流掩埋村庄、灌渠、草场、道路和大量土地、毁良田、摧毁草木、吹断作物茎叶，造成严重的荒漠化；污染环境，空气中沙尘大量增加，总悬浮颗粒物剧增，空气质量严重下降，沙尘铺天盖地，使植物萎缩，无法进行正常的光合作用，沙尘暴席卷受害土地的大量表土，形成严重风蚀；大风沙尘长途跨越，将沿途空气中的某些病菌与沙尘裹携在一起，其中可能包括一些传染病菌，沙尘天气容易引发呼吸道疾病，影响人体健康，对人的眼睛容易造成眼睛痒，见风流泪、红肿等眼疾，所以在沙尘天气出现时，应尽量减少外出，如果需要外出，要带好口罩及防风眼镜、纱巾等防沙尘用品，以免沙尘对呼吸道和眼睛等造成损害[81][82][83]。沙尘天气特别是沙尘暴天气对经济建设和国计民生造成严重危害和损失，那么，从逐步防治沙尘暴等灾害天气，或者是从对沙尘暴等的具百害是否尚有一利，即对沙尘天气进一步开展研究来看，沙尘天气对空气质量等有许多不好的影响，但由于我国北方的沙尘富含碳酸钙等，一般带有微碱性，所以沙尘对一些地方出现的酸雨危害可有所减轻；此外，由于沙尘中含有大量的钙、铁等物质，沙尘扬浮并降落到海洋后，对海洋生物的生长和海洋生物链，可能有良好的促进作用。所以进一步全面研究与了解沙尘天气包括沙尘暴天气，是有重要意义的[84]。

目前，人类尚不可能改变自然界大气环流和强对流等天气条件，但是，对于至关重要的治理——保护好沙尘源区，人类是大有作为的，沙尘暴等同任何自然灾害一样，是可能降低发生率和逐步取得防治的效果。①进一步加强对沙尘天气的监测，通过气象卫星、激光雷达以及人工勘察等，形成综合性的对沙尘暴监测的网络系统，准确发布沙尘天气预报，将灾害降到可能的最低限度以下。②认真做好一系列林业生态工程，尤其是我国西北、华北、东北地区，沙尘天气在春季易频发，甚至影响到我国南方一些地区，要高标准做好三北防护林工程和京津风沙源治理工程，退耕还林还草，封山育林，绿化祖国山野大地，做好天然林保护工程等，防治沙尘天气肆虐。③对我国北方干旱、半干旱地区的耕作制度和耕作方法进行系统研究与改革，保护耕地，减少耕作次数和进行少翻动土壤的"切耕"，把土壤被风蚀减少到最低限度，保存土壤湿度，减少沙尘天气的发生，让大地遇风不起沙，对裸地采用植树、种草、留茬、免耕等多种方法进行保护和覆盖。④重要的问题还在我们的脚下和附近地方，沙尘暴挟带的石砾和沙料，主要是从当地和附近地区吹扬起来的，要保护地面，未经正式手续不许动土，逐块解决裸地，进行种草植树，对施工、拆迁地的裸土，可适当喷施环保型抑制沙尘覆盖剂等新型物美价廉、不污染环境的环保制剂，尽量使当地及附近沙尘不致被大风扬起。⑤向公众宣传有关沙尘天气的科普知识，使公众了解沙尘天气包括沙尘暴天气，从而促进逐步降低沙尘天气发生率与逐步提高防治的效果。

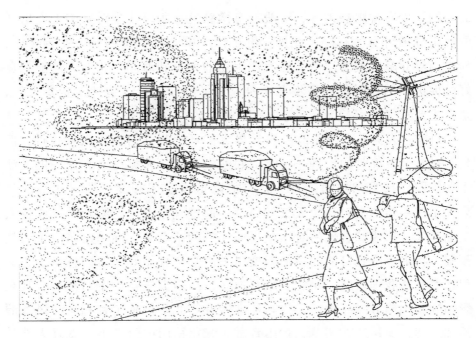

图（4）：沙尘暴天气示意图

十三、酸雨

　　酸雨一般是指 pH 值小于 5.6 的降水，不但雨雪或其他形式的大气降水包括在内（也就是通常说的酸性物质的湿性沉降物），也包括干性沉降物即酸性颗粒物以重力沉降、微粒与气体吸附等形式，从大气飘落到地面，都属于酸雨（酸雪、酸雾），但由于最初引起注意的是酸性的降雨，所以，习惯上统称为酸雨[8][66]。pH 值是氢离子浓度指数的简称，是氢离子浓度的负对数，用来表示水或溶液的酸碱度，pH 值的应用范围，通常在 0～14 之间，pH 值等于 7 时，水或溶液呈中性，pH 值小于 7 为酸性，pH 值大于 7 为碱性[85][86]。大气中含有二氧化碳等酸性物质，天然降水中由于溶解了二氧化碳等而多呈现弱酸性，即 pH 值小于 7，但其 pH 值常常不小于 5.6，所以，一般认为 pH 值小于 5.6 的降水就属于酸雨了。

 **小贴士：**

大气中的硫氧化合物和氮氧化合物等，遇到水蒸气逐渐氧化成稀硫酸、稀硝酸，在大气中进而形成酸雨（酸雪、酸雾），这些污染物质甚至随风飘移至数千千米之外，形成越境污染问题。大气中的污染物质硫氧化物、氮氧化物是从哪里来的呢？硫氧化物主要指二氧化硫，人为的原因，是在煤炭、石油、天然气等化石燃料中含有的硫，由于不合理的利用，在燃烧化石燃料过程中排放出的二氧化硫，污染了大气，这是问题的主要方面；另一方面，自然界的火山活动、土壤微生物活动等，也可能产生少部分二氧化硫。大气中的污染物氮氧化物的人为来源主要是机动车排放和燃烧化石燃料等原因造成的；大气污染物氮氧化物的天然来源主要是地球火山活动、闪电、林火以及土壤微生物过程等造成的。自 20 世纪 60~70 年代以来，在世界经济发展过程中，化石燃料（煤炭、石油、天然气等）的消耗量逐步增加，化石燃料燃烧中排放的二氧化硫、氮氧化物等不断增加，所以酸雨的数量也逐步增加。欧洲和北美洲是世界上最早发生酸雨的地区，也是世界上的两大酸雨区，欧洲酸雨的主要排放源来自西北欧和中欧一些国家，排出的二氧化硫污染物还飘移到了其他国家，北欧国家降落的酸性沉降物多来自欧洲大陆及英国[66]。美国和加拿大东部是世界另一大酸雨区；美国是世界上能源消费量最多的国家，每年燃烧化石燃料排放的二氧化硫和氮氧化物占世界各国的首位，从美国中西部及加拿大中部工业区排放的污染物降落在美国东北部和加拿大南部地区。中国是个燃煤大国，经济在迅速发展，酸雨问题也比较突出，我国与日本等已成为继北欧、北美后的世界第三大酸雨区。我国的酸雨区主要分布在长江以南、青藏高原以东的地区，以及四川盆地，华南、华中、西南和华东地区，是酸雨污染比较严重的区域；我国北方由于土壤含钙质较多、土壤多属偏碱性，带碱性的尘粒被风吹扬空中，对降水中含有的酸性物质起到中和作

用，使降水的 pH 值升高，减少了酸性，同时，相对来说，我国北方天气较干燥、雨水较少，而沙漠多，沙尘的吹扬，使酸雨的出现和强度都受到抑制和影响，所以，总体来说，我国北方出现酸雨较少，但是在局部地区也出现了酸雨[8][66][87]。

酸雨可使河流、湖沼、土壤酸化，使水生生物遭到危害，损害自然生态系统；水体的酸化导致水生生态系统的改变，酸度过高，鱼类等的生长繁育受到严重影响；酸雨降落，直接危害森林、草原以及农作物，使作物易感染病虫害；酸雨对于土壤微生物及土壤肥力也有不良影响，酸雨可抑制土壤有机物的正常分解、淋洗土壤中钾、钙等营养元素，甚至使土壤趋向贫瘠。在一定气候条件下，酸雨会形成酸雾的形式，酸雾微粒甚至可侵入人的肺部深部组织，引起肺水肿和肺硬化等；此外，铝元素摄入过多与老年性痴呆症有一定关系，酸雨有增加对土壤及母质中铝的溶解，有增进铝的循环，使饮用水和植物中含铝量过高等作用，因此，酸雨有促使铝对人体（特别是老年人）产生危害呈痴呆症等问题；酸雨还对多种建筑物有明显的腐蚀作用，尤其是以石灰石和大理石为建筑材料的建筑物等，耐酸性较差，更易受到酸雨的腐蚀[8]。

经受酸雨的多年危害，一些国家逐步认识到酸雨是个国际环境问题，各国应共同采取行动，减少二氧化硫和氮氧化物的排放量，才可能控制酸雨的污染危害。1979 年在日内瓦举行的联合国欧洲经济委员会环境部长会议，通过了"控制长距离越境空气污染公约"；欧洲的国家和北美洲的美国、加拿大等 32 国，于 1983 年，在"控制长距离越境空气污染公约"上签字、公约生效；1985 年，联合国欧洲经济委员会的 21 个国家，签定了赫尔辛基议定书，该议定书规定到 1993 年，各国需将硫氧化物排放量消减到 1980 年排放量的 70%，该议定书于 1987 年生效；日本、美国等国，逐步在东亚建立区域性酸雨控制体系等[8][66]。鉴于酸雨的危害，许多国家在防治酸雨上做了大量工作，并取得成效。我国在防治酸雨方面，也做了很多有成效的工作，我国第十一个五年计划执行以来，节能减排取得了进展，截止到 2009 年底，即"十一五"的前 4 年，我国单位 GDP（国内生产总值）能耗下降了 14.38%，二氧化硫排放总量下降了 13.14%，二氧化硫减排目标是提前完成[88]。

　　虽然酸雨危害严重，但是随着科学技术水平的提高和人们重视程度的加强等，酸雨也是可以逐步被"围歼"的。应优先开采和使用低硫煤和低硫燃料，对高硫煤和低硫煤采用分产、分运、洗选加工和综合利用，减少煤炭中的含硫量，对石油、天然气等含硫燃料进行脱硫处理和回收；严格控制高耗能项目，淘汰落后的高耗能项目和落后产能，改进对燃料的燃烧技术，减少在燃烧过程中的二氧化硫和氮氧化物排放量；全面推进工业、建筑、交通、公共机构、流通服务业、农村和农业的节能减排工作，加快节能减排技术和产品的推广；在城市中推广集中供热、区域采暖，工矿企业应严格执行废气中有害物质的排放标准，对高耗能和向大气排放污染物的设备进行改造，进一步加强消烟除尘措施，减少二氧化硫和氮氧化物等的来源；通过环保和污染减排措施，促进产业结构的调整和经济发展方式

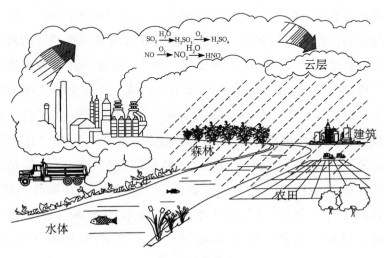

图（5）：酸雨示意图

57

的转变；同时，注意减少汽车等交通工具排放废气，安装尾气净化装置，减少硫化物和氮氧化物等的排放量。认真学习与与施行大气污染防治法等，采取多种有效的综合防治措施，酸雨对环境危害的问题，是能够逐步得到解决的[8][88]。

十四、低碳经济

低碳经济是指以低能耗、低物耗、低排放、少污染或不污染为特征的一种经济发展形态，是在可持续发展理念的指导下，通过技术创新，机制创新，产业转型，新能源开发等多种措施和方法，建立新的产业结构和能源结构，也就是通过优化调整经济结构和加快经济发展方式转变，尽可能减少煤炭、石油等高碳能源的消耗，减少温室气体排放，以最低的温室气体排放量，获得尽可能高的经济产出量，达到对经济社会发展与生态环境保护双惠的低碳经济的发展模式。可以看出，低碳经济是人类社会经济发展的趋势。2003年英国提出低碳经济理念后，迅速得到许多国家的认同，低碳经济成为许多国家考虑和安排未来经济发展的重要战略选择和有用的资料参考[95][96]。

这里，需要指出的是，低碳经济理念也并不"抽象高深"，而且是比较易于理解的，作者用如下的比喻，让您更好地理解低碳经济的理念：又要马儿干得真是好，又要马儿合理少吃"草"，还要马儿合理少排放甚至不排放"废料"。这也是百姓们有时也用的比喻，"马儿"比喻为能干活役畜、工具设备等；吃"草"比喻"能耗""物耗"等；"废料"表示排放的"废弃物"、"污染物"、"温室气体排放物"等，不排"废料"——那就意味着"污染物"零排放了。这虽然是通俗的比喻，但是对科学道理的说明，确实很精湛。在发展低碳经济上，我国正在做扎扎实实的、很有成效的工作，例如，到2020年，我国非化石能源（主要包括太阳能、水能、核能、风能、生物质能等）占一次能源消费的比重达到15%；到2020年，我国单位国内生产总值（GDP）的二氧化碳排放比

2005 年下降 40% ～45% 等。经济结构调整、发展方式转变以及能源结构转型等，都需要全社会的广泛参与和大力支持，要深入普及有关低碳经济的知识，低碳生活的理念，节能减排环保科学知识的普及，推广应用节能产品节能灯等，做到家电节能，应用隔热保温建材等建筑节能措施，应用日光能洗浴、取暖等，农村推广实用环保沼气池、使用沼气环保节能灯、沼气炉灶等。就是人们在旅游中，也应提倡低碳环保旅游，携带环保行李，住宿环保旅馆，少污染和不污染环境，选择排放二氧化碳低的环保交通工具及清洁能源汽车出行；日常生活中提倡使用自行车和徒步行走，做到即环保又健身。总之，走低碳减排环保之路，保护生态环境，保护人体健康，建设美好的绿色家园，构建资源节约型、环境友好型社会。

十五、循环经济

《中华人民共和国循环经济促进法》中明确指："本法所称循环经济，是指在生产、流通和消费等过程中进行的减量化、再利用、资源化活动的总称。"[97]清晰地说明了循环经济包含的内容。

在生产、流通和消费等过程中，减少资源消耗和废物的产出，这称作减量化；将废物直接作为产品或者经修复、翻新、再制造后，继续作为产品使用，或是将废物的全部或者部分作为其他产品的部件来使用，这称作再利用；将废物直接作为原料进行利用或对废物进行再生利用，这称作资源化。在生产、流通和消费等过程中，对资源（包括废料）进行减量化、再利用和资源化等一系列工作安排，促进循环经济的发展，对提高资源作用效率，保护和改善生态环境，实现可持续发展，都具有重要的意义。我国在发展循环经济上，做了很多工作并取得成绩。中华集团盈创再生资源公司是国家循环经济试点企业，该企业通过回收利用居民生活中的废旧塑料，采用先进技术加工处理，生产出用途广泛的新材料、新产品。中央领导同志走进企业车间、展厅，仔细察看粉碎、清洗、净化、处理等生产过程，参观聚酯切片、纤维长丝等再生材料及其制品。中央领导同志指出，要把循环经济产品做多做精，把循环经济产业做大做强，发展循环经济是加快经济发展方式转变和经济结构调整的重大任务，通过发展循环经济，推动生态化、绿色化改造，把资源"吃干榨尽"，使废弃物变废为宝，以尽可能少的投入创造尽可能大的经济社会效益，把节约资源、保护环境与提高经济效益结合起来，把调整经济结构、转变发展方式与培育新兴产业结合起来，实现资源节约利用、再生利用和循环利用；弥补我国原生资源的不足。引导企业合理布局、资源集约利用和污染物集中处理；大力改造传统产业，广泛推行清洁生产、节约生产和安全生产；积极发展循环经济先进适用技术、产品、装备和服务，逐步壮大循环经济产业等[98]。我们要认真贯彻上述指示精神，加快推广循环经济，实现提高资源利用效率和保护生态环境的双赢。

循环经济用生态学（生态学是研究生命系统与生存环境系统相互关系的科学）原理，指导人类社会经济活动、合理利用资源与环境和谐发展的一种经济模式[77][99]。"循环经济"一词是美国经济学家 K·波尔丁在 20 世纪 60 年代提出的[100]，内容是指在人——自然资源——科学技术的大系统内，在其资源投入、企业生产、产品消费及其废弃物的全过程中，把依赖资源消耗而增长的经济，转变成依靠生态型的资源良性的合理循环利用。做到资源合理利用和自然资源尽量少投入的减量化、产品的再使用以及废弃物的循环利用，实现资源的循环利用。这些有关知识，对我们都具有一定的参考意义。

十六、资源的类别

资源，包含有广义的资源概念和狭义的资源概念。广义的资源是指在一定的技术和经济条件下，当下或者可能预见到的将来能够作为人类生产和人类生活所需的一切物质的及非物质的要素，就是说，人类生存发展和生活享用所需要的一切物质的和非物质的要素，都属于广义的资源概念的范围[10][99]。狭义的资源概念专指自然资源。早在 1972 年，联合国环境规划署对自然资源就作了明晰和比较全面的定义："所谓自然资源，是指在一定条件下，能够产生经济价值以提高人类当前和未来福利的自然环境因素和条件的总和。"[10][87]本书论述的资源，基本上都属于自然资源，也就是狭义的资源范畴，自然资源包括有土地资源、气候资源、水资源、生物资源、海洋资源、矿产资源、能源资源以及旅游资源等。可以看出，自然资源对人类是非常重要的，因为自然资源不仅是人类生存的物质基础，而且也是人类社会经济发展的至关重要的基本自然条件，人们比较集中关注的人口问题、世界粮食问题、能源危机问题、生态危机问题等，可以说都与自然资源及其利用状况有着密切的关系。

自然资源按其属性，可以分为两大类。

1. 可更新资源（也称再生性资源）：太阳能、风能资源、水资源、生物资源、土地资源等，可以连续使用或可以周期性地被补充更新的，在合理利用和维护下可以得到不断更新利用的，均属于可更新资源。

2. 不可更新资源（出称非再生性资源）：石油、煤炭、天然气等化石能源资源以及其他矿产资源等，由于缺少更新能力或者是更新的周期太长，或是在当下的条件下，不可能更新的资源，都属于不可更新资源。

但是这里应首重指出：土地资源等虽然属于可更新资源（即再生性资源），但是，如果滥用土地，肆意挖掘，毁坏土地，盗挖耕层土壤和严重破坏地力，使土地急剧贫瘠化和失去了土地资源的价值，那么，属于可再生资源的土地资源，也会退化、解体、遭到耗竭，甚至存在有可能转化为非再生性资源之忧。所以，正确、合理地利用土地资源等，对土地资源等进行精心的管理、保护和维护、修复，是具有重要意义的。

十七、能源的类别

人们把能量的来源为能源；或者说，能源是指含有能量的资源，即可以提供能量的物质或物质的某种运动形式的能量来源[66][103]。

能源可分为：

①一次能源：一次能源是从自然界直接取得的并不改变其原来基本形态的能源，例如，开采出的原油、原煤、天然气，大气中刮起的风（风能）、自然界中流动的水（水能）等。

②二次能源：是由一次能源经过加工、制取、转换为新形态的能源，所以二次能源也称人工能源，如电能、煤气等，就是由一次能源加工后产生的二次能源。此外，由各种有机物质经微生物发酵分解制取的沼气，也常被列为二次能源[8]。

能源也可分为可再生能源和非再生能源。

①可再生能源：可以循环或多次利用并持续得到补充的、或者说可以取之不尽的能源类型，叫作可再生能源，如太阳能、风能、水能、地热能、生物质能、洋流能、潮汐能、波浪能等。

②非再生能源：也叫不可再生能源，指经过漫长的地质历史年代才可形成而在短期内无法恢复、对其使用会导致该能源枯竭的能源类型，如石油、煤炭、天然气、煤成气等化石能源、核燃料等。

能源的分类还有很多，还可以将能源分为常规能源和新能源。

①常规能源：常规能源是指已被人类广泛利用的能源，如煤炭、石油、天然气等。

②新能源：通常是指在新技术基础上进行开发利用的可再生能源，如太阳能、风能、水能、地热能、核能等。

如果按照能源的形态特性或转换及利用的层次，还可以将能源分为：固体燃料、液体燃料、气体燃料、水能、电能、风能、核裂变能、核聚变能、太阳能、生物质能、地热能、海洋能等 12 类[103]。

不论对能源怎样划分类别，总之能够划分得要既实用、又明晰具体，富有科学内涵，可以针对不同情况予以不同类别的划分和具体运用。

 **小贴士：**

我国的能源结构中，煤炭约占 74%，石油约占 18%，天然气约占 2.5%，水电与核电约占 5.5%；煤炭提供了约 75% 的工业燃料和动力；约 80% 的民用商品能源，我国是世界上最大的煤炭生产国和消费国[103][104]。近期的资料表明，我国的能源结构以煤炭为主，石油和天然气则较少，中国原煤产量占一次能源的比重超过 70%；提高能效是我国经济和社会发展的需求，我国的能源效率，目前只约有欧盟和日本的 1/4、美国的 1/3，我国提高能效不但有潜力，而且有技术基础[105]。虽然我国已是世界能源生产与消费大国，但我国人均能源资源占有量尚不到世界平均水平的一半[106]；由于人口众多，人均能源的消费水平也尚不到世界人均的 1/2[8]。眼下，我国可再生能源建设，已经取得长足进展，到 2009 年底，我国可再生能源占一次性能源的比重已经达到 90%，风电、太阳能等清洁可再生能源以及新能源核电等都得到发展；在调整经济结构、转变经济发展方式过程中，2006 年到 2009 年，我国关停小火电机组 6 006 万千瓦，淘汰落后的炼铁产能 8 000 多万吨，炼钢产能 6 000 多万吨，水泥产能 2.1 亿吨，形成节能能力约 1.1 亿吨标准煤，大力开展了节能减排、低碳和循环经济工作；清洁能源得到发展，截至 2009 年底，我国水电装机容量 1.97 亿千瓦，核电站的在建规模 2 450 万千瓦，太阳能热水集热面积 1.45 亿平方米，均居世界第一位；农村沼气用户 3 650 多万户；人工造林面积 6 200 万公顷，居世界第一[107]。根据已公布的风能资源详查结果，我国风能开发潜力逾 25 亿千瓦[108]；我国风电连续几年成倍增长，2009 年新增风力装机 1 000 多万千瓦，累积风力装机达 2 200 万千瓦[109]。要遵照党的十七大报告中所说的："发展清洁能源和可再生能源，保护土地和水资源，建设科学合理的能源资源利用体系，提高能源资源利用效率。"更深入开展节能减排等，加快形成可持续发展的体制机制，进一步做好我国的能源工作。我国毕竟

具有丰富的自然资源，包括能源资源；还有节能减排等有成效的工作；我国能源的对外依存度并不高，我国80%的能源仍靠自给。而美国每年消耗的原油大约是8.8亿吨，其中，从国际市场上进口5.8亿吨，要说对外依存度，比我们大得多；日本所有的原油都是进口，对外依存度百分之百[109]。

需要着重提及的是，地球上的一些能源资源，例如石油、煤炭等，据世界能源资源的调查，数十年或数百年后，可能被使用完[8]；但是，只要合理利用，可再生能源可以说是取之不尽、用之不竭的，更何况，随着科学技术水平和创新能力的不断提高，发现新的能源和开发新能源实用技术水平的持续提高，合理开发节约利用新的能源资源，人类所需的能源供应是有可能逐步得到解决的。例如，氢气是一种新型的清洁、无污染的新能源，氢气燃烧后生成水，不污染环境；水是由氢和氧组成的化合物，所以氢气资源非常丰富，可以将海水作为制取氢气的原料；不过利用电解水的方法制取氢，耗费的能量太大，成本太高；用热化学或光分解等方法制取氢气，还有许多技术问题和实践应用中的诸多问题尚别有解决。但尽管如此，应该看到科技进步和人类创新水平的提高是没有止境的，这只是利用氢能资源一例，但总有一天，上述那些问题终于可能得到解决。在历史的某个时段，能源危机也可能出现，但从事物的发展来看，人类不断找到可利用的新的能源，仍然有着广阔出路和美好的前景。

十八、可持续发展

可持续发展是发展要有持久性、连续性，人类的延续是社会发展的前提和要求，当代人的发展必须为下一代人更好地生存和发展留下必需的空间和条件[100]。联合国世界环境与发展委员会，在《我们共同的未来》研究报告中，清晰地表达了可持续发展为："可持续发展是既满足当代的需求，又不对后代满足需求能力构成危害的发展"。在巴西里约热内卢召开的联合国环境与发展大会（1992年），通过了《里约热内卢宣言》和《21

世纪议程》两个文件，标志着可持续发展被全球持不同发展理念的许多国家普遍认同。

科学发展观所要求的可持续发展，是要坚持生产发展、生活富裕、走生态良好的文明发展之路，建设资源节约型、环境友好型社会，经济发展与人口资源环境相协调，实现速度和结构质量效益相统一，民众在良好的生态环境中生产生活，实现经济社会永续发展[100]。

这里要提到"绿色"。"绿色"的含义，是指生态环境的自然状态，并可引申为环保的同义词[110]。所以，"绿色经济"或"绿色发展"，意思就是既保护了自然生态环境，又取得了经济的可持续发展；将资源承载能力和生态环境容量作为经济活动的重要条件，选择节约环保、低碳排放的消费模式，建设资源节约型、环境友好型社会[111]；从而实现经济社会的全面协调可持续发展。

十九、第一产业、第二产业、第三产业

我们在学习文献资料时，会经常见到第一产业、第二产业、第三产业的说法，什么是第一产业、第二产业、第三产业呢？

对于产业结构的划分，有一个历史过程，第一产业、第二产业这两个名词最早在 20 世纪 20 年代流行于澳大利亚和新西兰，当时，澳大利亚和新西兰将农业、畜牧业、渔业、林业以及矿业称为第一产业，而把制造业称为第二产业[112]；后来，新西兰奥塔哥大学教授阿伦·格·费希尔在《安全与进步的冲突》（1935 年）一书中提出第三产业的概念；再后来，英国经济统计学家林·克拉克在《经济地步的条件》一书中，将"服务产业"称为第三产业。对于第一产业、第二产业、第三产业的划分，许多国家的看法虽然并不完全一致，但是总的划分类别还是比较接近的。例如，澳大利亚和新西兰的划分方法：第一产业包括农业、畜牧业、渔业、林业以及矿业等；第二产业包括制造业、运输业；第三产业包括商业、金融、保险业、不动产、个人服务等。日本的划分方法：第一产业包括农林业、渔业、水产养殖业；第二产业包括矿业、建筑业、制造业；第三产业包括商业、金融、保险业、不动产业、运输和通讯业、服务业等。美国的划分方法：第一产业包括农业、林业、渔业、采集业；第二产业包括制造业、矿业、建筑业、电力、煤气、自来水、运输业和通讯等；第三产业指服务业，包括商业、贸易、金融、不动产、家务、个人服务、职业服务等[112]。

我们通常对于产业结构的划分，是适合于我们国家的具体情况，大体上也是与国际通行的划分类别相衔接，第一产业通常包括农业、林业、牧业、渔业及副业等；第二产业包括工业、矿业、制造业、建筑业、运输业、通讯信息业、能源产业、自来水产业等；第三产业包括商业、贸易、金融服务业、房产管理及销售服务业、餐饮服务业及家政服务业、职业中介服务业等。

二十、污染源

污染源是指产生或向外界环境排放污染物的装置、设置和场所等[8]。根据污染物的来源，可以分为天然污染源（天然污染源是指自然界向环境排放有害污染物质等的原始场所，如正在喷发的火山等）和人为污染源（人为污染源是指人类社会活动形成的污染源）。人们经常可能遇到的是量多面广的人为污染源。

根据污染源排放污染物的形式以及产生污染的特征，可将人为污染源分为：①点污染源：指具有固定的污染物排放口或固定地点的污染源。②面污染源：造成的污染在一定的区域范围以内，没有固定的污染发生源，例如，不合理地过量施用化肥和农药造成的土壤污染和对农业生态环境造成不良影响甚至危害等。③固定污染源：是指污染物从固定的地点排出，例如工矿企业污染源等。④移动污染源：是指污染物没有固定位置的污染源，例如轮船、火车、汽车等排放出某些污染物，这些交通工具即属于没固定位置的污染源。有时候，由于污染源交叉污染等原因，所以许多污染源常属于混合污染源。

按污染源来源的不同和污染源排放的污染物性质的差别，并按人类社会活动功能，将人为污染源分为：①农业污染源；②工业污染源；③城市污染源。农业污染源主要指农用化学物质污染源等；工业污染源主要为工矿企业排放的废水、废气、废渣等污染源；城市污染源主要是城市排入环境中的生活污水、城市垃圾等污染源。为了保护与改善生态环境，必须依照国家有关的政策法规，对污染源及其排放的污染物进行认真治理。当有害物质进入农业环境的数量，超过农业环境所能够容纳污染物的能力，已经不能通过农业环境的自净作用净化掉有害物质时，农业生态环境质量将逐渐恶化，造成农业环境污染。能够造成农业环境污染的污染物的种类是很多的，但按其基本性质，主要可分为三类：第一类化学污染物，包括无机化学污染物，如重金属类、碱、酸等；有机化学污染物，如苯酚、苯并（a）芘等。第二类物理性污染物，主要有振动、辐射、噪声、降尘等。第三类生物污染物，主要包括病原微生物及寄生虫类等。化学污染物及生物污染物，通常是造成农业环境污染的主要两大类污染物，但在某些地区，对物理性污染物也应充分注意，以保护农业生态环境，防止物理性污染物危害当地农业生产。

二十一、环境污染

环境污染是指有害物质进入自然环境，并在环境中扩散、迁移、转化，使生态系统受到有害的影响而发生变化，危害于人类及其他生物正常生存和发展的现象，称作环境污染。例如石化燃料的大量燃烧，影响和污染大气环境；工业废水、工业废渣以及生活污水的任意排放，使水质变坏和污染土壤等现象，均属于环境污染。当有害污染物质超过环境的自净能力，就会产生一定程度甚至严重的危害[8][77]。环境污染的类型，常根据不同的类别和实用目的等来划分，例如，按自然环境要素划分有：大气环境污染、水环境污染、土壤环境污染等；按污染物的形态可分为：废气污染、废水污染、固体废弃物（废渣）污染等；按污染物性质可分为：物理性污染、化学污染、生物污染等；按污染产生的原因可分为：生产污染（包括工业污染、农业污染、交通污染等）和生活污染等；按污染物的涉及范围可分为：局部性污染、区域性污染及全球性污染等。

 小贴士：

　　产业革命后，工业生产迅速发展，人类排放的污染物急剧增加，在世界一些地区先后发生了环境污染事件，其中有八大污染事件尤其引人注目，从中我们可以看到工业革命后环境问题的严重性。"世界八大公害事件"是：①马斯河谷事件：1930 年 12 月，比利时的马斯河谷工业区的工业有害废气和煤烟粉尘，在近地大气层中积聚，造成环境污染，对人体带来综合的危害和影响，一周内，60 多人死亡，以及许多家畜死亡的事件。②多诺拉事件：1948 年 10 月，美国宾夕法尼亚洲的多诺拉镇受二氧化硫及其他氧化物，与大气尘粒结合带来的大气污染，造成该镇 5 911 人发病的事件（其中 17 人死亡）。③伦敦烟雾事件：1952 年 12 月，由于浓雾覆盖，温度逆增，致使冬季燃煤引起的煤烟型烟雾积聚，当时大气中尘粒浓度是平时的 10 倍；二氧化硫浓度是平时的 6 倍；突然许多人患起呼吸系统疾病，有 4 000 多人相继死亡，在此后两个月内，又有 8 000 多人死亡的严重事件。④洛杉矶光化学烟雾事件：20 世纪 40 年代初，美国洛杉矶市的大量汽车废气，基于当地的气象条件，在太阳光的强烈作用下，形成了浅蓝色的光化学烟雾，造成许多人眼睛红肿、喉炎、头痛、呼唤系统疾患等症状的事件。⑤四日市哮喘病事件：1961 年日本四日市，由于石油冶炼和工业燃油产生的含二氧化硫和金属粉尘的废气，严重污染了大气，使许多居民患上哮喘病等呼吸系统疾病的事件。⑥水俣病事件：1953～1956 年，日本熊本县水俣湾，含汞废水污染了水俣湾，人食用该处富集了汞和甲基汞的毒鱼、贝类等，造成近万人中枢神经疾患，其中甲基汞中毒患者 283 人中，有 60 人死亡的严重事件。⑦痛痛病事件：1955～1972 年，日本富山县神通川流域，人因饮用含镉河水和食用含镉稻米而中毒，全身疼痛，故名"痛痛病"，引起的痛痛病患者 258 人中，死亡 207 人的严重事件。⑧米糠油事件：1968 年，日本爱知县一带，在生产米糠油时，由于产生失误，造成多氯联苯混入米糠油内，人食用后，造成 1 万 3 千余人中毒；用生产米糠油的副产品黑油做家禽饲料，又致使数十万只鸡死亡的严重事件[66][118]。

世界许多国家都已经在治理着本国的环境污染包括农业环境污染，以及解决生态破坏的问题，并取得明显的成效。我国在治理环境污染包括农业环境污染和生态破坏方面，进行了大量富有成效的工作，取得显著的成绩。这里，要着重提及，保护农业环境是我国的千秋基业，农业环境的优劣，直接关系到农业产品的产量和质量，直接影响着人民群众的身体健康，所以，农业环境保护工作是很重要的关系着农业持续发展的基础性工作。我们要遵照我国的有关政策法规等，保护好农业环境，对不同污染源采取相应的防治措施，用多种方法，进一步认真治理各种污染物对农业环境造成的污染，保护生态环境，使农林牧副渔业生产得以持续兴旺地发展，高产、优质、高效益（高的经济效益、生态效益和社会效益），使生产水平登上新"台阶"，让农林牧副渔业等产品，不断满足人民日益增长的需要。

二十二、水体污染

水体不仅包括自然界中的水，而且还包含了水中的悬浮物质、底泥以及水生生物，所以，水体属于自然界中的生态系统。水体也可称为水域，是包括海洋、河流、湖泊、沼泽、水库、地下水等地表与地下储水体的总称。水体污染是指主要是由于人类活动排放的污染物进入海洋、河流、湖泊、沼泽和地下水等水体，使水质发生恶化、水质及水体底泥的物理、化学性质、甚至生态系统中的生物群落组成发生变化，降低了水体的使用价值，对人们的生产、生活造成恶劣影响和危害，这种水体变质变坏的现象

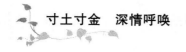

称为水体污染[70][77]。

地球水圈的水体总量，从广义上讲，都属于地球上的水资源，虽然海水是咸水，但是随着海水淡化等技术的发展和社会经济能力的提高，海水利用也已逐步提到重要的日程；但是目下通常讲的水资源，目前主要还是指陆地上的淡水资源，但是海水仍包括在地球水的总储量之内。地球上水的总储量约为 13.6 亿立方千米（包括海水），其中，海洋的水量约占 97.3%；淡水水量约占 2.7%。在淡水资源中，冰山、冰冠等的水量约占 77.2%，地下水及土壤水约占 22.4%，湖泊、沼泽水占 0.35%，河水约占 0.01%，大气中的水约占 0.04%。便于取用的淡水，按目前的技术水平和条件，主要还是用河水、淡水湖水及浅层地下水等，估算约为 300 万立方千米，仅约占地球总水量的 0.2% 左右[8][119]，这充分说明，淡水资源是很宝贵的。我们一定要按照党的十七大报告关于"重点加强水、大气、土壤等污染防治"的要求，认真保护水资源，节约用水，下大气力防治水体污染，保护生态环境，为人民造福。

二十三、大气污染

大气中的污染物质的浓度达到了有害程度，影响和破坏生态系统和人类的正常生产、生活，对人类及其生存环境造成危害的现象，称为大气污染。

形成大气污染，有自然形成的原因，如火山喷发出的多种有害物质，严重影响了一定范围的大气成分，污染了该地的大气环境等；也有人为的原因，目前世界上大气污染主要是人为因素造成的，例如，工矿企业排放的废气、机动车尾气、工业锅炉及烟囱等未按技术改造和节能减排而排放出大量废气，造成大气污染等。已经对自然环境和人类产生危害的大气污染物约有上百种左右，其中影响范围广、带有普遍性的常见的大气污染物主要为二氧化硫、氮氧化物、碳氧化物、碳氢化合物、光化学烟雾、降尘及飘尘、颗粒物质等[43][77]。

近些年来，餐饮油烟污染，在有些地方，已成为大气污染的一个重要来源，随着我国烹调饮食业的发展，治理油烟污染力度又不够，而饮食文化里，有比较注重煎、炒、烹炸的内容，这些烹调方式可能产生大量的油烟。油烟侵入或被人体吸入呼吸道后，可能引发疾病，患者可出现食欲减退、烦燥、精神不振、疲乏无力以及嗜昏睡等症状；油烟中可含有苯并芘的致癌物，长期吸入这种有害物质，可能诱发肺脏组织癌变等[117]。应进一步改进抽油烟机具的性能，尽量从烟道管排走油烟，直到较高的楼顶烟囱设置排出，向较高的空间排放和被风力吹成稀释、稀薄，或装备特制的吸油烟装置，最大限度地减少、甚至消除油烟污染空气造成的危害。

二十四、大气污染对作物的危害

现代工业企业排放的废气、废水、废渣等，由于治理不够等原因，以致大气等受到污染，造成周围作物受害。怎样才能知道作物受害是由于空气污染造成的，而不是由病虫为害、农药药害或缺乏营养元素造成的呢？

作物遭受大气污染后的症状，有的用肉眼就能辨认，有的则辨认不清，当作物受到轻度污染时，其外形上常并无特别的变化，即使这样，对作物的正常生理机能却已产生了不良影响，叶片内的污染物含量也有所变化，因此，可通过测定作物生理指标及叶片微量分析等来鉴别。若作物受污染严重，就会出现"病症"。根据受害的程度，可分为急性和慢性中毒症状。急性中毒症状，是指因污染物浓度很高，作物在几十个小时、甚至几十分钟的短时间内出现的中毒症状；慢性中毒症状则指在低浓度污染物长时间作用下的受害症状。不论作物受急性中毒或慢性中毒，一般有以下特点，根据这些特点，就可判断作物是受大气污染的毒害还是其他的危害。①大气污染危害多种作物，甚至田间杂草等同时受害，与病害等只影响某种或几种作物明显不同。②有方向性分布的特点，例如工厂排出污染气体，在其下风向的作物连片受害；当污染气体在扩散时，遇有大型建筑障碍物的阻挡，其后的作物受到不同程度的保护，受害程度减轻，这与病虫侵染和为害造成的症状明显有别。③作物受大气污染的程度与距离工厂排放污染气体的距离有关，一般离污染源近的受害重，但如果排气烟囱较高，受害较重的作物一般是在其距离为烟囱高度的 10 余倍至 20 倍左右或更远些的地带，这与药害、病虫危害及作物缺素等出现的症状，情况也不同。④就病状本身来说，作物受害虫咬食或刺吸为害，伤口明显；若是病害，病斑较规则，斑块上常可见孢子堆或菌丝，以及水浸斑等；若因农药过量中毒，作物叶面常有灼伤斑或干死组织、或有药剂残留，它们与大气污染作物出现的症状都不同。⑤大气污染作物多限于局部地区或工厂附近和作物受寒害、风灾等的大面积及连片分布情况也有明显差别[8]。

小贴士：

对作物遭受大气污染的症状鉴别，不仅能为辨别污染源和对症采取防治措施等提供了参考，而且对环境污染的总体水平、环境质量评价以及生物监测等，可提供有用的依据。大气污染物种类多，这里例举较常见的大气污染物二氧化硫和氮氧化物，叙述作物遭受这些大气污染物危害的症状。二氧化硫是一种无色、具有剧烈窒息性臭味的气体，二氧化硫造成作物的伤斑，多出现在叶脉之间，呈条、点或块状，严重时全叶褪色变黄白，萎枯落叶，但不同作物的症状表现也不一样。水稻受二氧化硫危害的急性症状，叶片先呈灰绿色，并出现白斑、萎蔫，随后全叶呈白色，茎秆也变白，甚至全株枯亡；若遭慢性中毒，则叶尖及边缘变褐，叶脉间出现长条状褐色的斑纹，稻粒呈暗褐色，产量下降。小麦受危害，叶片呈淡褐色，麦芒变白。不同种类的蔬菜受危害后，叶片有的出现白斑（如白菜、菠菜、黄瓜等），有的出现褐斑（如马铃薯、南瓜、茄子），有的则呈黑斑（如蚕豆）。受二氧化硫危害的玉米，叶缘变褐，叶脉间有时出现黄白色斑点等。除从外观来鉴别外，还可做叶片化学分析，在正常情况下，作物体含硫量一般约为 0.1% ~ 0.3%，如含硫量过高，可能是硫化物污染。对二氧化硫很敏感的作物有紫花苜蓿、棉花、大麦、荞麦等，较敏感的作物有大豆、小麦、菠菜、番茄、黄瓜等，具有一定抗性的作物有马铃薯、芹菜以及玉米、洋葱、洋白菜等（参看图6）。大气污染物中的氮氧化物，主要包括二氧化氮以及一氧化氮等。二氧化氮为红褐色气体，有刺激性气味；一氧化氮为无色气体，受危害的作物，主要特点是在叶脉之间以及叶边缘处有黄白色或棕黄色的伤斑等[8]。

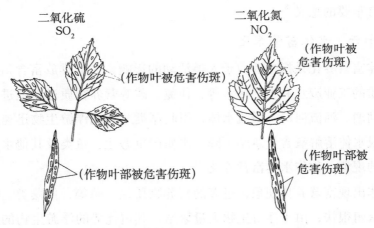

二氧化硫
SO$_2$

二氧化氮
NO$_2$

（作物叶被危害伤斑）

（作物叶被危害伤斑）

（作物叶部被危害伤斑）

（作物叶部被危害伤斑）

图（6）：作物叶片受有害气体危害的症状示意图

二十五、土壤污染

进入土壤中的有害及有毒物质超出土壤的自然本底含量范围和自净能力的限度，从而导致土壤的物理、化学、生物学性状发生改变，造成土壤生态环境恶化，构成对植物和人体直接或潜在危害，称为土壤污染。

土壤是构成自然环境的要素之一，处于岩石、水和生物圈的交接地带，是大气圈、水圈、岩石圈和生物圈相互作用、彼此联系，并不断进行着物质、能量循环与交换的场所，也是连接无机界和有机界的中心环节。被污染的土壤向环境扩散和输出污染物质，引起水体、大气以及生物的进一步污染，如此往复不已，以致造成生态环境的逐步恶化。尤其是污染的土壤直接影响着植物的生长，而且污染物质将通过食物链进入人体，危害人体健康。加之，土壤的容量及自净能力是有一定限度的，土壤被污染后，要想复原也是相当困难的，所以，保护土壤、防治土壤污染是极为重要的问题。研究土壤污染的发生和污染物质在土壤中的迁移转化规律，以及防治土壤污染的有效措施等，对于环境保护，特别是农业生态环境保护，具有重要的意义[8]。

二十六、水体富营养化

水体富营养化是指主要由于人类活动的影响，大量排放富含氮、磷等营养物质的工业废水和生活污水等，使氮、磷等营养物质过量地进入海洋海湾、湖泊、河流河口等缓流水体，引起藻类及其他浮游生物迅速大量繁殖，造成水体溶解氧含量急剧下降，水质严重恶化，鱼类及其他水生物大量死亡的现象，称作水体富营养化[115]。

水体出现富营养化现象，过多的营养物质氮、磷等，使藻类、鞭毛虫等生物繁殖很快，由于浮游生物大量繁殖，其占优势的浮游生物的颜色不同，水面常呈现红色、棕色、蓝绿色、乳白色等，所以，水体富营养化现象发生在江河湖泊中，优势的浮游生物主要呈藻绿色、淡蓝色等，形成一片片的"水花"（也称"水华"）；水体富营养化发生在海洋上，占优势的藻类及鞭毛虫等呈现赤色或红色，所以通称为"赤潮"。受营养物质氮、磷等的大量增加和聚积、有机物污染等，造成海洋富营养化，为赤潮生物提供了丰富的营养成分，这是形成海洋赤潮的基本原因，当时的综合气象条件，也与赤潮的形成有一定关系。水体遭受富营养化后，藻类等浮游生物还能释放出毒素，对鱼类等有毒杀作用。藻类等大量死亡后，腐败、分解，需要消耗水中的很多的溶解氧，造成水体污染恶化，鱼类等大量死亡，并严重危害了水体生态环境。要严格防止污水、特别是富含磷、氮等的污水排入水体，严防河、湖富营养化及海洋赤潮的发生；对河道进行疏浚、清理污泥，清除水草藻类等供沤制肥制肥料及制取沼气的原料，保护河、湖和沿海的水质，使水体水质在安全状态，包括进行必要的治理，防止水体出现富营养化。

二十七、空气污染指数

空气污染指数，就是用简洁明了的数字，表示空气污染的程度；一般是将空气中几种主要的污染物含量，与其对应的空气质量标准进行比较，按照计算公式进行运算而得到的一个综合性的数字，数字大小反映了空气质量的好坏[113][115]。一般来说，造成空气质量下降的污染源中，工业厂区大烟囱以及机动车等排放的二氧化硫、二氧化氮以及空气中的可吸入颗粒物，对空气质量影响最为突出，所以，就以上述这三种污染物的监测结果为依据，再根据我国现行空气质量等级标准的界定进行比较和运算。

小贴士：

我国现行空气质量等级标准界定为：一级天气的二氧化硫应低于0.050毫克/立方米，二氧化氮应小于0.080毫克/立方米，可吸入颗粒物应小于0.05毫克/立方米；二级天气的二氧化硫应低于0.150毫克/立方米，二氧化氮应小于0.120毫克/立方米，可吸入颗粒物应小于0.150毫克/立方米；三级天气的二氧化硫后低于0.625毫克/立方米，二氧化氮应小于0.240毫克/立方米，可吸入颗粒物应小于0.350毫克/立方米[114]。目前我国采用的空气污染指数，是用实际测得的污染物含量，与国家空气质量标准进行比较，如果正好等于二级质量标准时，其空气污染指数规定为100，空气污染物含量越高，则污染指数越大。一般规定是空气污染指数为0～50，空气质量级别为1级（优）；空气污染指数为51～100，空气质量级别为2级（良）；空气污染指数为101～150，空气质量级别为3——Ⅰ级（为轻度污染）；空气污染指数为151～200，空气质量级别为3——Ⅱ级（仍属于轻度污染）；空气污染指数为201～250，空气质量级别为

4——Ⅰ级（为中度污染）；空气污染指数为 251～300，空气质量级别为 4——Ⅱ级（属于中度重污染）；空气污染指数大于 300，空气质量级别为 5 级（为重度污染）。

空气质量处在 1 级（优）状况时，不存在空气污染问题，清洁的优质空气，对人们的健康没有任何危害。空气质量处在 2 级（良）状况时，空气良好的质量，人们普遍是可以接受的，但有很少数的对某种污染物特别敏感的人仍会受到一些影响，然而对一般公众的健康则没有危害。空气质量处在 3 级（包括 3——Ⅰ级和 3——Ⅱ级），空气质量状况属于轻微或轻度污染，对污染物较敏感的人，如儿童及老年人、呼吸道疾病和心脏病患者等人群，健康状况会受到影响；但对身体健康的人群可以说是基本没有影响。空气质量处在 4 级（包括 4——Ⅰ级和 4——Ⅱ级），空气质量状况属于中度和中度重污染，此时人们的健康几乎都受到影响；尤其对敏感人群的不良影响更为明显。空气质量处在 5 级，空气质量状况属于重度污染，人们的健康都会受到严重的影响和危害[113]。

二十八、什么叫"中水"

污水主要包括生活污水和工业废水等，排放量大而且成分比较复杂，必需对污水进行净化处理，实现污水的资源化利用，即可净化环境，又节省了水资源的耗费量。污水经过处理后，其水质达到了污水再利用的分类标准，这种经过净化处理后的水称作再生水；由于再生水的水质一般介于自来水的水质一般介于自来水（符合水质标准的自来水，一般统称为上水）和原来的污水（原来还没有经处理的、存在于地下污水管道或地沟等处的污水统称为下水）之间，所以再生水也常被称为"中水"。

再生水也就是"中水"，主要用于农业灌溉、绿地林草灌溉、做工业冷却用水和城乡杂用（如冲洗车辆和冲洗厕所）等；但是按照有关的水质标准，中水不能做饮用水，严禁饮用；同时，也不应该作为游泳池等与人体密切接触类的用水使用[99]。

二十九、地面沉降

地面沉降是指地面的海拔高度在一定时间内，因自然或者是人为的原因，不断降低的环境地质现象，地面沉降是一种环境地质灾害。

地面沉降由于发生的原因不同，可分为自然的地面沉降和人为的地面沉降。自然的地面沉降是地表比较松散的沉积层，在重力作用下，由松散下沉到细密的成岩过程；或者是由于地质构造运动，地震等引起的地面沉降。人为的地面沉降主要是由于人们的活动所造成的地面沉降，如过量抽取地下水，过量开采石油、天然气等，造成岩层下的负压及空洞，又未采取控制抽汲地下水和人工回灌地下水等措施；还有由于地面巨大土层和庞大建筑群的极重负荷压力下所引起的地面沉降等[118]。人为造成的地面沉降，有时导致的地面沉降结果更为突出和明显；但是由于自然界的原因如地质构造运动以及受海洋影响等造成的自然的地面沉降，也应引起足够重视。世界上有不少国家发生过主要由于人为的原因引起地面沉降，如美国、日本、俄罗斯、英国、意大利、澳大利亚、墨西哥、泰国等国的一些地方，也都发生过地面沉降。我国的一些沿海城市如上海、天津等地、以及地处内陆的西安等地，也都有发生过程度不同的地面沉降，经过回灌地下水等多种措施，地面沉降问题正在逐步得到治理。

不论是由于主要是人为的原因造成的地面沉降（如过量抽取地下水，过量开采石油、天然气等，又未采取回灌地下水等措施，地表土层过重负荷建筑群静态重压或地表地层受某些工程机械的剧烈振动等，引起的地面沉降），或是由于自然的原因造成的地面沉降（如地壳的升降运动，有的沿海城市受海水的强力作用及海平面上升等自然因素的影响等），都可能对人们的正常生活造成一定危害，所以，地面沉降是一种环境地质灾害。应采取多种措施防治地面沉降灾害，严格控制地下水的抽取量，必要时采取回灌地下水，保持水体压力，防止地面沉降等措施；合理规划建设楼群的布局，防止楼群静压过重引起地面沉降；尽量减低大型机械施工的剧烈

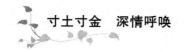

振动，严格控制大型车辆超载强运等，既排除了安全隐患，又在一定程度上防止了地面沉降的发生可能。

三十、水土流失

水土流失是指在自然营力包括水力、重力、冻融和风力等以及人类不合理的人为活动的作用下，地球表面的土壤及其母质受到侵蚀，水土资源受到严重损失和土地生产能力遭到破坏，就是说，土壤在水的浸湿和冲击的作用下，土壤结构变成松散土体发生破碎、随水流动而散失，这种现象称作水土流失。

水土流失，按其流失水土的形态，可分为：1. 面状流失：较为分散的地表径流引发土壤发生面状流失，使肥沃土层损失，面状流失进一步发展，在大雨、坡陡等情况下，形成土壤的层状流失，细沟状流失等。2. 沟状流失：集中的径流破坏土体，水体切入地面形成冲沟，冲沟状的水土流失造成上层土壤流失和下层母质裸露，又进一步加促了面蚀的发展。3. 土体塌陷：由于水土流失等原因，在黄土地区，因雨水渗浸，黄土逐渐松散，在重力作用下，造成黄土土体塌陷等。4. 形成泥石流：面状流失及沟状流失严重地区，水土流失严重发展，常形成含有大量泥、沙、碎石的泥石洪流，造成的危害很大。如果生长有良好的植被，森林丛莽、灌木、草本植物繁茂，则会较少发生泥石流，所以森林等植被是良好的保护生态的屏障[8][119][125]。

小贴士：

我国是世界上水土流失最为严重的国家之一，严重的水土流失，威胁着我国的生态安全、粮食安全和防洪安全，已经成为制约经济社会可持续发展的一个重要因素。目前我国水土流失面积达 356 万平方千米，占领土面积 37.1%，极待治理的面积近 200 万平方千米，全国现有水土流失严重县 646 个，其中约 82% 处于长江流域和黄河流域。例如我国西北黄土高原地区，每年水土流失量很大；我国南方丘陵红黄壤地区、华北土石山区以及东北黑土地区等地，水土流失也相当严重。因水土流失，我国平均每年损失耕地约 100 万亩，经济损失至少约 2 000 亿元[8][119][125][126]。严重的水土流失，导致土地退化、土壤贫瘠，毁坏耕地，恶化人们的生存环境，水旱灾害频发，削弱了生态系统的调节功能，对生态安全和饮水安全构成严重威胁，环境质量明显劣化，生态平衡遭到破坏等。水土流失问题已经引起国家各有关方面和全社会的高度重视，我国有关方面和部门明确提出，我国近期水土流失的防治目标[126]：力争用 15～20 年时间，使全国水土流失区得到初步治理或修复；严重水土流失区的水土流失强度大幅度下降；所有坡耕地采取水土保持措施，70% 以上的侵蚀沟道得到控制；全国范围内的人为水土流失得到有效控制，使近百万平方千米的水土流失重点预防保护区实施有效保护等。在党和国家坚强和正确的领导与人民群众的共同努力下，上述所有的防治水土流失的奋斗目标，是一定能够实现的。

三十一、水土保持

水土保持是指对由于自然因素和人为活动造成的土壤冲刷与水土流失采取的预防及治理措施。由于我国是世界上水土流失严重的国家之一，我国每年因水土流失侵蚀掉的土壤总量约达 50 亿吨以上，约占全世界土壤流失总量的 1/5；我国耕地面积约 35% 以上受到水土流失的危害，但这是属于平均数，有些地区耕地水土流失则更严重，耕地水土流失以黄土高原地区最为严重，黄土高原地区水土流失耕地面积占其耕地总面积的 70% 以上；我国西南地区居于其次，水土流失耕地面积约占其总耕地面积的 50% 以上[8][10]。我国在水土保持工作方面，进行了卓有成效的工作，今后再用 15～20 年时间，将使全国水土流失区、包括水土流失严重区都得到初步治理或修复[126]。保持水土的治理措施可分为生物（植物）措施、工程措施、农业耕作技术措施三大类，应因地制宜、统筹安排，努力做到三者的有机结合，形成阻止水土流失的切实有效的防护体系。实行对山、水、田

（地）、林、草综合治理，促进农林牧业全面发展，搞好水土保持，要保持和维护良好的生态环境，植物种草，改造山川，逐步实现生态良性循环；工程措施包括沿等高线培修土埂和修建梯田、加固对坡地渗流面的维护、改变小地形等，防止水土流失；要认真预防水土流失，对山林、草原和水土资源进行保护，做到青山常在，绿水长流，要认真贯彻《水土保持法》《环境保护法》《土地管理法》《农业法》等有关的法律规定，严禁毁林开荒，毁草开荒，严禁在 25 度以上的陡坡开荒；在 5 度以上的坡地整地造林，抚育幼林，以及垦复经济林木等，必须采取水土保持措施，防止水土流失，使生态环境不断得到改善。治理水土流失、保护土地资源，要贯彻防治并重、治管结合、综合治理、因此制宜等原则，要根据科学道理、群众的实践经验以及当地的具体条件，做出切合实际的保持水土的安排。1978 年国务院批准了"三北"（西北、华北、东北）防护林体系建设工程规划，又相继批准了长江中上游防护林体系工程、沿海防护林体系工程、平原农田防护林体系工程和京津风沙源治理等防沙治沙工程；并且展开了天然林保护工程、退耕还林（草）工程和人工用材林业产业基地工程等林业生态工程建设，并且取得了显著成绩和良好的生态效益、经济效益和社会效益，其所辖范围包括了全国主要水土流失区、以及风沙危害及台风影响区等，这对于水土保持、改善生态环境等，都具有重大意义，我们要"惜土如金"，珍惜祖国的每一寸土地，保持水土，切莫让千里沃土出现流失[8][128]。

　　我国于 1991 年公式施行的《水土保持法》，对于预防和治理水土流失，改善农业生产条件和生态环境等，均发挥了作用。但是随着经济社会的迅速发展，人们对生态环境要求不断提高，水土保持工作遇到一些新问题，需要通过修改现行法律加以解决。新修订的《水土保持法》在强化预防措施，加大治理力度和监测监督，定期公告水土流失情况等许多方面，均进行了修订，新修订的《中华人民共和国水土保持法》必将更为适应新的情况，解决新的问题，完善法律规定，起到更为显著和巨大的作用[125]。

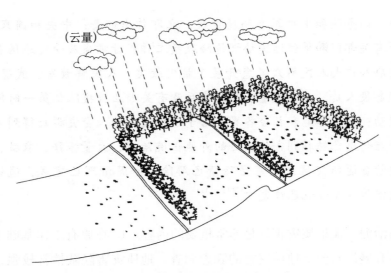

（云量）

图 (7)：植树种草，保持水土示意图

三十二、泥石流

我国是个多山的国家，山地、高原、丘陵共约占全国陆地面积的 2/3，平原和盆地共约占全国陆地面积的 1/3，复杂的地质、地形地貌等自然条件，使我国成为世界上泥石流灾害最为严重的国家之一。我国受泥石流危害的地区主要是西南、西北山区，以及青藏高原东部、南部及北部边缘、秦巴山区、太行山、燕山和辽南山区等地[66]。从世界范围来看，泥石流灾害比较严重的国家有 50 多个，如 1970 年发生在秘鲁的瓦斯卡兰泥石流，造成伤亡 2.3 万人[120]。

小贴士：

泥石流就是在受到重力和流水冲力等的综合作用下，形成的包含有大量泥、沙、碎石的洪流，泥石流动能很大，暴发突然，来势汹猛，破坏力甚强，危害性很大。2010 年 8 月 8 日凌晨，我国甘肃省甘南藏族自治州舟曲县因强降雨引发特大山洪泥石流灾害，造成重大人员伤亡和经济损失。

党中央、国务院和中央军委高度重视，立即作出部署；中央和国家相关、军队等有关部门和单位迅速协调抢险救援工作；甘肃省及受灾地区各级党委、政府和广大人民群众紧急开展了抗灾救灾，人民解放军、武警部队、民兵预备役人员、公安民警和消防官兵及有关专业救援队伍第一时间实施救援行动；全国各地和社会各界也给予了极大支持。受灾群众得到妥善安置，重症伤员已转移到条件较好的外地医院治疗，大量帐蓬、衣被、食品等救灾物资运抵灾区，堰塞区险情已解除，淤泥清理已完成，通讯、电力、道路等基础设施已恢复[121][122][123]。

防治泥石流地质灾害，是非常重要的内容。1. 在原有工作基础上，要进一步开展泥石流等地质灾害的隐患调查。地质灾害隐蔽性常较强，有时不容易被发现，且经常处于变化之中；尤其是泥石流灾害的临灾预报，是世界性难题，与沟谷的地形地貌、与岩石风化程度、降雨强度和持续时间、以及山地植被情况等都有密切的关系[124]。要进一步深入调查泥石流等地质灾害隐患，还要提高民众的防灾意识和自救互救的能力，逐级落实责任制，群测群防和教育培训，提高对泥石流等地质灾害的防范能力。"察微而知著"，有关专业部门的技术调查，尤其是动员当地群众，群测群防，经常注意保护生态环境，遇到特殊地质灾害有可能发生时（如山体岩石出现碎裂松散隐患及可能出现山体滑坡等），和特殊的天气情况（如暴雨、特大暴雨等），就要特别注意泥石流等灾害的可能发生。2. 尽量采取搬迁避让的方法，避开泥石流危险区，尤其是对泥石流沟口和沟道的泥石流必经区，最好采取避让的方法，以防止受到泥石流突发的严重危害；平时就应对泥石流隐患区有所注意，有所防范，遇到泥石流等灾害发生时，头脑要镇定，选择撤离到安全地区的平安撤离路线，平时就要充分注意，不可在灾害突发时到处乱跑，失去逃生机会。3. 必要时采用工程治理措施，可在其上游修建栏挡坝，将泥石流拦截住；修建排导工程、防护工程，或在泥石流上方修建跨越工程等。4. 地质结构的长期演变和发生变化，再加上暴雨山洪等的突发是泥石流发生的主要原因，但是人为对自然植被的破坏，砍伐森林，毁坏草坡，陡坡开垦等，影响恶化了自然生态环境，也促使了泥石流的发生。应造林种草、搞好绿化，建立生态屏障，保护、恢复和重建良好的生态环境，尽量减少泥石流等灾害的可能发生。

三十三、电磁辐射污染

电磁辐射污染，也称电磁波污染，是指天然的和人为的各种电磁波干扰和有害的电磁辐射。电磁辐射污染来自两个方面，一是自然界（天然的）产生的电磁波污染；二是电气和电子设备（人为的）产生的电磁波污染。天然的电磁辐射污染，是一些自然现象引起的，如自然界的雷电，在暴雨时由于大气层中积蓄电荷放电所产生的电磁辐射，可能对电气设备、建筑物、飞机等直接造成危害外，还可能在广大地区产生严重的电磁干扰；地震、火山喷发及太阳黑子活动引起的磁暴等，都会产生电磁干扰，天然的电磁辐射污染对短波通信的干扰是很严重的。人为的电磁辐射污染主要包括：一是脉冲放电，如切断大电流电路时产生的火花放电，瞬时间的电流变率很大，会产生很强的电磁波干扰。二是射频电磁辐射，如无线电广播、微波通讯、电视、雷达、高压输电线路等各种射频设备的辐射，频率范围宽广，影响区域较大，所以，射频电磁辐射已成为电磁污染的主要因素。三是交变电磁场，如在大功率电机、变压器及输电线等附近的电磁场，在近场区会产生严重的电磁干扰。电磁波可分为长波、短波、微波等；波长越短，频率就越高，波能也越大，对人体的影响以及危害也可能越大。随着无线电广播、电视、微波通讯等以及电力事业的发展，电磁辐射污染及其对人体健康可能的危害，已经不能忽视[115][118]。但是，建立必要的防护措施，电磁辐射污染及其危害，也是完全可能被防护的。

 小贴士：

电磁辐射对人体的主要危害是引起神经衰弱、头痛、全身不适、疲

倦无力、记忆力减退，甚至引起视力降低、导致白内障、性功能降低、诱发心脑血管疾病以及可能诱发白血病、致畸作用、某些癌症等。但是，只要我们认真做好对电磁辐射污染的防护工作，电磁波对人体的危害是可以被防止住的。防控电磁辐射污染的措施，一是应采取综合性的防治措施，要做到工业的合理布局，使电磁污染源距离居民集中居住区尽量较远；在电气场区采用电磁辐射吸收材料及装置，改进电气设备，遥控遥测，提高自动化程度等，尽量减少对人体可能的不良影响。二是在电磁场传递途径的过程里，建立电磁屏蔽装置，使电磁辐射强度降低到国家标准容许的范围之内，根据不同的屏蔽对象，应采用不同的防护电磁辐射污染的屏蔽装置，包括屏蔽罩（主要用于屏蔽防护小型器件）；屏蔽室（用于屏蔽大型机组或控制室等）；屏蔽头盔、屏蔽衣、屏蔽眼罩等（系用于个人防护的用品）。通过屏蔽防护等措施，防止了电磁辐射对环境可能造成的污染，保护了人体的健康。我们应该注意可能有电磁辐射隐患的地方，适当注意人体自我保护、适当远离该地及采取其他的相关防护措施，但是也应对电磁辐射有无隐患、是否超标的"疑问之地"，可请有关方面，用电磁辐射高频测量仪等测量例如居住社区的电磁环境，已有的测量结果证明，该小区的居住环境电磁辐射仅为0.02微瓦/平方厘米，远远低于40微瓦/平方厘米的国家标准；在距离手机基站较近的社区居民住地的其他地方测量同样发现，该处的电磁辐射也很小，也远低于国家安全标准，即电磁辐射完全没有超标，没有污染环境，对人体是安全的，经过科学检测，这样，人们也就可以放心了[115][118][129]。

三十四、噪声污染

噪声指的是干扰人们学习、工作和休息的声音，也就是不需要的声音，甚至是影响和危害人体健康的声音，都可统称为噪声。噪声分为自然界噪声（例如，雪崩、地震、火山爆发、山洪声、潮汐声、滑坡、瀑布声、大风声、巨雷声等，这些非人为活动产生的声音，就属于自然界产生的噪声），和人为造成的噪声。而通常所指的噪声污染，主要指的是人为造成的噪声污染。因为人为造成的噪声污染，已经成为危害生态环境的一大公害。噪声的强度用声级来表示，单位为分贝（用 dB 表示），分贝的大小，随噪声源的特点、强度、数量、分布等而有不同。在生活环境中，夜晚较安静环境的声级约为 30 分贝；白天机动车辆等经常往来时，可达 80分贝，在发出噪声的工厂附近，有时可达 90 分贝；使用风动工具等其噪声在局部环境甚至可达 120 分贝，机场附近的航空噪声可达 130 分贝[118]，甚至更高。噪声强度超过 50 分贝，就可影响人们的睡眠和休息，对人体产生不良影响、甚至一定的危害。从 2008 年 10 月 1 日起，由国家环保总局等部门首次发布的《社会生活环境噪声排放标准》正式实施，标准中对居民环境的噪声标准作了规定，以居民住宅、学校文教机关为主的区域，其室内噪声，白天不得高于 45 分贝，夜间不得高于 35 分贝[127]。

　　人为噪声主要包括交通运输噪声、工业噪声、建筑施工噪声、社会生活噪声等。交通运输噪声：运行中的机动车辆、火车、飞机、轮船等的噪声，由于其噪声源是流动的，所以影响面较广；城市的机动车辆的噪声，可以说已成为城市的主要噪声来源，在一些城市已约占城市噪声源的近一半以上。工厂噪声：工厂中的动力机械设备等的辐射噪声，如运转中的汽轮机、内燃机、电机、空气压缩机、鼓风机等；轻工业的噪声约在 90 分贝以下，机械工业的噪声约在 80～120 分贝左右。建筑施工噪声：运转中的混凝土搅拌机、推土机、压道机、铺路机、凿岩机等，建筑施工噪声常在 90 分贝以上，应严加注意和控制，尽量减少对人体的不良影响和噪声危害。社会生活噪声：包括强音喇叭、人声喧闹噪声、家用电器洗衣机、空调机、食品搅拌机等产生的噪声。

　　噪声强度过大，就会影响人们的休息和身体健康，正常的生理功能受到干扰及严重影响。如果人们长时间生活在 90 分贝甚至 100 分贝以上的噪声环境中，会严重影响听力，使听力下降、噪声性耳聋和导致其他疾病发生；强力的噪声会严重干扰人体中枢神经功能，使人神经衰弱、消化不良、恶心、呕吐、头痛、引起心血管疾病、高血压和颅内压升高、肠胃功能紊乱、记忆力明显减退等；长期受噪声的严重影响，还会削弱人体免疫系统的正常功能及其他疾病的发生等。

噪声污染属于物理性污染，噪声在环境中是造成空气物理性的变化，噪声传输停止后，噪声污染也就消失。对噪声的防治，主要是控制声源、在噪声传播途径上采取控制措施、对噪声接受者进行防护[115]。控制噪声源，改进机械设备结构，提高装配部件质量和传动方式等，减少噪声的强度；更新工艺，选用低噪声设备，减少机械振动，降低噪声；在噪声源即产生噪声的设备上，采取消声、隔声、吸声、减振等相关措施；在节能减排与技术设备研制创新中，应严格注意降低生产设备产生的噪声强度，从源头防止和降低噪声的发生等。在噪声传播途径上控制噪声污染，要合理规划、布局，使对噪声敏感的建筑物尽量远离公路及工厂等噪声强度大的地方，合理利用树林、围墙等作为屏蔽，阻隔噪声；为阻挡噪声传播，可通过人为施工，利用隔声材料和隔声结构等，阻止和减弱噪声传播；还可通过应用吸声材料和吸声结构，尽量转化传播噪声；在城乡建设中，应合理规划安排防治噪声的措施，严格控制和减弱噪声的传播。对于噪声的接受者应有适当的防护措施，防止噪声对人体的危害，可采取尽量减少人们在强噪声环境中的暴露时间或离开噪声环境，对人体经常进行听力等方面的检查，如发现有因强力噪声引起的疾病，应遵医嘱，适当服用利于耳聪、定心、安神的药物，尤其是服用具有良好医疗效果，可以说又没有副作用的天然中草药药物；也可采用对受体个人的防护，佩戴耳塞、耳罩等护耳器或戴防声盔，防止噪声对人体危害等措施。

三十五、一次污染物和二次污染物

一次污染物是指由于人类活动直接排入环境的污染物，由于其物理、化学性状与其原发状态并未发生变化，所以一次污染物也称原发性污染物。例如，工矿企业排出的二氧化硫、氮氧化物等气体、以及废水、废渣等，都属于一次污染物。由一次污染物造成的环境污染称为一次污染。一次污染物在环境污染中所占的比例，通常是最多的。

二次污染物是指排入环境中的一次污染物在化学、物理以及生物因素的作用下发生变化、或是污染物之间相互反应、或者与其他污染物质发生作用形成了新的污染物质，此即二次污染物[77]。由于是继发性的，所以二次污染物也称继发性污染物。例如，排入空气中的氮氧化物、碳氢化合物等，在阳光作用下发生光化学反应，形成了二次污染物光化学烟雾；再如，工厂向自然水域排出的一次污染物无机汞化合物，在微生物作用下转化为二次污染物甲基汞化合物。由二次污染物造成的环境污染，称作二次污染。二次污染物的危害性常常比一次污染物的危害性更大，例如，甲基汞比无机汞对环境和人体健康的危害更为严重。

三十六、绿色食品、有机食品、无公害食品

绿色食品是指无污染、安全、优质的营养类食品。绿色食品是由我国农业部发起，于 1990 年开始实施的，目的是要为人类提供安全、优质、健康的食品；1992 年国家批准成立了中国绿色食品发展中心及各省、市、自治区的绿色食品管理机构并制定了有关规定[8][139][140]。绿色食品分为 A 级绿色食品和 AA 级绿色食品。A 级绿色食品生产地的环境质量需符合有关的规定，在其生产过程需严格按照绿色食品生产资料使用准则和生产操作规程的要求，而且限量使用限定的化学合成生产资料，绿色食品的产品质量必须符合绿色食品的产品标准，产品质量符合国家食品卫生标准的规定，并且需经专门机构的认定，方可使用 A 级绿色食品的标志。AA 级绿色食品，其生产地需符合有关的规定，在生产过程中不使用化学合成的肥料、农药、兽药、饲料添加剂和其他有害于环境及人体健康的物质，产品质量符合绿色食品产品的标准，并需经专门机构的认定，才许可使用 AA 级绿色食品标志的产品。生产 A 级绿色食品，只允许限量使用限定的化学合成生产资料；而生产 AA 级绿色食品，不允许使用化学合成的肥料、农药、兽药、饲料添加剂和其他有害于环境及人体健康的物质，AA 级绿色食品质量自然升迁越高。结合我国国情的具体情况，有关部门将绿色食品分为 A 级绿色食品和 AA 级绿色食品是必要的[8][139][140]。

有机食品：是指纯天然、无污染、高品质的有机食品，在生产有机食品的过程中，禁止使用任何人工合成的化学品，包括不能使用化肥、农药、除草剂、生长激素等，也不得采用基因工程和辐射技术。所以，有机食品是按照国际有机食品生产要求生产，并通过专门的认证机构认证的环保型安全食品。1972 年成立了有机农业运动国际联盟并制定了有机产品标准，许多国家参照该有机产品标准制定了本国的标准，例如，美国 1990年出台的有机食品生产法、欧盟 1991 年出台的有机农业条例等[140]。在国际上，有机食品已经形成了贸易市场，其销售量已占食品销售总量的相当份额。1994 年，我国国家环境保护总局有机食品发展中心成立，负责全国有机食品的统一质量监督和管理等，并且成立了分中心或行业分中心。我国有机食品认证是从 1994 年正式开展的，国家环保总局制定的《有机食品认证的管理条例》规定，有机食品必须符合国家食品卫生标准和有机食品技术规范，在原料生产和产品加工过程中，不许使用农药、化肥、生长激素、化学添加剂、化学色素及防腐剂等化学物质，不使用基因工程技术，需通过国家有机食品认证机构认证的农产品及其加工产品才是有机食品，有机食品应使用有机食品标志[140]。我国有机食品工作开展良好，将有着相当广阔的前景，为广大群众服务。

绿色食品属于无公害食品，因为绿色食品是无污染和安全的，是不存在公害的，所以属于无公害食品；而有机食品是属于纯天然、无污染、高品质的环保型安全食品，是无公害的，而且由于有机食品在其生产过程中禁止使用任何人工合成化学品，也不得采用基因工程和辐射技术等，内涵条件要求又有所提升，所以有机食品不但是无公害的，而且还是纯天然、无污染、高品质的安全食品。

小贴士：

　　我国绿色食品生产，已经得到了长足发展，从 1990～2009 年，我国绿色食品企业由 63 家发展到 6 003 家，产品由 127 个发展到 15 707 个；根据近期的资料，我国绿色食品产量接近 1 亿吨，绿色食品在我国国内销售额达到 3 162 亿元，出口总额达到 21.6 亿美元。我国已建成绿色食品大型原料标准化生产基地 432 个，面积达到 1.03 亿亩[141]。我们努力发展前景广阔美好的绿色食品和纯天然、无污染、高品质的有机食品；发展包括无污染、安全、优质的营养类食品绿色食品在内的内涵也相对广泛的无公害食品，就是要为人类提供安全、优质、健康的食品，为广大的人民群众服务。同时，我们要更加深入贯彻和遵照执行《中华人民共和国食品安全法》，将食品安全工作，依法做得更好。

三十七、中国特色的农业现代化道路

　　走中国特色的农业现代化道路，是立足我国国情的必然选择，也是我国农业可持续发展的必由之路。我国有自身具体国情，虽然我国总体自然资源量大，堪称地大物博，但是，由于我国是有 13 亿多人口的发展中的大国，是现今世界上人口最多的国家，我国的人均水资源仅为世界人均水资源的近 1/4，人均耕地面积仅占世界人均耕地面积的 1/3 左右，人均占有的土地资源面积，只相当于世界人均占有量的 1/3；我们必须主要依靠自己的力量解决我国的粮食问题，粮食问题始终是头等大事，任何时候也不能掉以轻心；"这几年自然灾害频发、农产品价格波动加剧的严峻形势警醒我们，农业基础薄弱、粮食安全保障能力不强仍然是现代化建设的瓶颈"[142]。由于人均自然资源数量较少，主要依靠增加自然资源投入量来提高农产品产出量的空间越来越小，根本的出路，就是要坚定不移走中国特色农业现代化道路，转变农业发展方式，推进农业科技进步，大力提高农业抗御自然灾害的能力和进一步提高农业综合生

产能力，保障国家粮食安全，统筹城乡协调发展，坚持工业反哺农业、城市支持农村及多予少取的方针，推进农业农村现代化，促进农业的可持续发展。

世界上一些国家在实现农业现代化过程中，也是注重于立足本国的具体国情，探索其发展道路。综合国外的发展情况，尤其是要根据我国农业发展的现状和基本的国情，走中国特色的农业现代化道路，保持农业农村经济持续稳定发展。中国特色的农业现代化，包含的内容是很广泛的，而其内涵深刻又具有实践的意义；其基本内容可以概括为：把保障国家粮食安全为首要目标，保障农产品供给，进行农产品质量安全全程监控，确保食品质量安全；增加农民收入，提高农业劳动生产率、资源产出率和商品率，转变农业发展方式，提高农业综合生产能力、抗御风险能力和市场竞争能力，促进农业可持续发展；用现代科技和物质条件支撑农业，用现代科技发展农业，用现代产业体系提升农业，完善现代农业产业体系，支持农民专业合作社和农业产业化龙头企业的发展；大力加强农田水利建设，发展节水农业，严格保护耕地，进行农村土地整理复垦，建设旱涝保收高标准农田，现有农村土地承包关系保持稳定和长久不变，按照依法自愿有偿原则，健全土地承包经营权流转市场，发展多种形式的土地适度规模经营；推进农业科技进步，健全农业技术推广体系，发展现代种业，加快农业机械化，提高信息化水平，密切关注天气条件对农业的影响，发展高产、优质、高效、生态、安全农业，促进农业生产经营的专业化、标准化、规模化、集约化，推进农村电网改造，加强农村饮水安全工程建设和沼气建设，进行农村环境综合整治，保护良好的生态环境，防治农业环境污染，使农业的增长转到依靠科技进步和劳动者素质的提高上来；按照推进城乡经济社会发展一体化的要求，加强农村基础设施建设和公共服务体系建设，搞好社会主义新农村建设规划，加快改善农村生产生活条件，建设农民幸福生活的美好家园。总之，按照党的第十七次全国代表大会报告的精神，坚定不移地走中国特色农业现代化道路，深入贯彻落实科学发展观，实现具有中国特色的农业现代化[1][62][100][142][143][144][145]。

我国物产丰富、地大物博，虽然由于人口众多，人均自然资源数量较少，但是农业科学技术的发展是没有止境的，所以农业生产水平也会逐步得到提高、粮食等农产品的产量、质量也会逐步有所提高，我国自然资源包括土地资源的利用发展空间很大，坚定不移地走中国特色的农业现代化道路，全力保持农业农村经济的持续稳定发展，我国综合概念上的大农业（包括农、林、牧、渔业等）都有着非常美好而广阔的发展前景。正如胡锦涛总书记指出的那样：走中国特色农业现代化道路，是顺应世界农业发展普遍规律、立足我国国情的必然选择，是统筹城乡发展、协调推进工业化和城镇化的必然要求，是建设社会主义新农村、促进农业可持续发展的必由之路[146]。

三十八、地球所能承载（生存）的人口及城市的人口承载力

全世界土地总面积约为 149 亿公顷，占地球表面总面积的 29%；全世界海洋总面积为 36 105.9 万平方千米，占地球表面总面积的 71%，所以，地球表面总面积为 51 055.9 万平方千米。总体来说，生物赖以生存的能量都来自太阳，但是地球接受太阳光的面积是有限的，所以，植物光合作用所转化的太阳能也是有限的，地球上的植物每年生产出的有机物质也是有一定数量的。而且，人类生活不仅需要粮食等有机物质，也离不开淡水、空气、能源、矿产和土地居住环境等，因此，由于受全世界每年生产出的粮食数量所限，也由于淡水资源、气候资源、能源和土地居住环境等自然资源的数量所限，以及不断出现的自然灾害等，人类在生命的摇篮——地球上，要有合理的生存数量，如果人口数量过多，远远超出了地球上自然资源的承载能力，地球将不堪重负，人类在地球上也无法正常生活，所以人类必须合理控制人口数量的发展。

根据人类食物的能量来自植物转化的太阳能、根据地球生物圈所提供给人类的食物量，根据目前科学技术的发展水平和人们生活的一般水准，

估算当下地球所能承载的人口数量为 80 亿～100 亿，估算到 2025 年世界人口将突破 80 亿，到 2050 年世界人口可能达到 94 亿[147]。

我国农业生产历史比较悠久，经验丰富。特别是改革开放以来，现代农业技术在我国有一定的发展，所以新中国成立后尤其是近些年来，我国农业连年增产和丰收，虽然自然灾害时有发生，但是在党和政府的正确领导和全国人民共同努力下，农业生产领域依旧取得很大成绩。就当下我国农业科技的发展水平，以及自然资源可提供给人口的食物数量、土地环境等自然资源的可能供给量和承载能力等，我国人口应合理控制与稳定在 16 亿人左右，并且以后总人口规模不再增加。目前我国人口已达 13 亿多，所以继续落实计划生育政策、控制人口数量稳定合理发展，是具有重要意义的。《中华人民共和国宪法》中规定："国家推行计划生育，使人口的增长同经济和社会发展计划相适应。"[148]中国共产党第十七次全国代表大会报告中指出："坚持计划生育的基本国策，稳定低生育水平，提高出生人口素质。"[1]所有这些国家法律和政策规定等，都是十分重要和正确的，控制人口与保护环境是我国的两项基本国策，要忠实地履行和实施。

城市的人口承载力，是指在一定的时间、空间条件下，城市所能承载的可供人口正常生活的最大的阈值，也就是说，该座城市所能承受的在该城市正常生活的人口数量的最大能力，称为该城市的人口承载力。人口在城市中能以正常生活，即人类生命系统，与城市环境系统，组成的功能齐全综合的社会经济和城市人工与自然环境复合的生态系统，能正常良性运行，可充分反映城市的人口承载力，社会经济和城市人工与自然环境复合的生态系统，不但包括了人类的正常生活，还包括了土地资源、气候资源、水资源、居住安居资源、矿产能源资源、合格的食物供给资源、生态环境保护与防治环境污染的环保资源等，人类的正常生活和合理利用开发该城市的各种资源，应适应该城市的人口承载力，即小于或最多等于该城市的人口承载力，因为这样才可能达到城市生存的良性循环与和协、可持续发展[8][115]。

 **小贴士：**

　　我国已进入了城镇化加速时期，《中国城市发展报告》2009 年卷指出：到 2009 年底，全国 31 个省、自治区、直辖市共设有城市 655 个，城镇化水平达到 46.59%，预计到 2020 年，全国将有 50% 的人口居住在城市，到 2050 年将有 75% 的人口居住在城市[149]。我们要按照中国共产党第十七次全国代表大会报告中指出的："按照统筹城乡、布局合理、节约土地、功能完善、以大带小的原则，促进大中小城市和小城镇协调发展。以增强综合承载能力为重点，以特大城市为依托，形成辐射作用大的城市群，培育新的经济增长极。"[1]要走中国特色的城镇化发展道路，严格控制人口的合理发展与增长。

三十九、我国的主体功能区

　　我国的主体功能区，是根据我国不同区域的资源环境承载能力和现有开发强度及发展潜力，统筹谋划未来人口分布、经济布局、国土利用和城镇化格局而确定的不同区域的主体功能，并据此明确开发的方向和政策。推进形成主体功能区，是党中央、国务院作出的重要战略部署，是深入贯彻落实科学发展观的重大战略举措。编制与实施全国主体功能区规划，要将以人为本、提高全体人民生活质量和增强可持续发展能力作为基本原则；要优化结构、保护自然、集约开发、协调开发、陆海统筹、科学开发国土空间；要构建城市化战略格局、农业发展战略格局、生态安全战略格局等[150]。

　　《全国主体功能区规划》将国土空间划分为四类区域，明确了各类区域的范围、发展目标、发展方向和开发原则。第一类区域是国家优化开发的城市化地区，要率先加快转变经济发展方式，着力提升经济增长质量和效益，提高自主创新能力，提升参与全球分工与竞争的层次，发挥带动全国经济社会发展的龙头作用。第二类区域是国家重点开发的城市化地区，要增强产业和要素集聚能力，加快推进城镇化和新型工业化，逐步建成区域协调发展的重要支撑点和全国经济增长的重要增长极。东北平原、黄淮海平原、长江流域等农业主产区要严格保护耕地，稳定粮食生产，保障农产品供给，努力建成社会主义新农村建设示范区。第三类区域是国家限制开发的生态地区，包括青藏高原生态屏障区、黄土高原、云贵高原生态屏障区、东北森林带、北方防沙带、南方山地丘陵地带、大江大河重要水系等生态系统、以及关系全国或较大范围区域生态安全的属于国家限制开发的生态地区，要保护与修复生态环境，提高生态产品供给能力，建设全国重要的生态功能区及人与自然和谐相处的示范区。第四类区域是国家禁止开发的生态地区，国家级自然保护区、风景名胜区、森林公园、地质公园和世界文化自然遗产等 1 300 多处属于国家禁止开发的生态地区，要依法实施强制性保护，严禁各类开发活动，引导人口逐步有序转移，实现污染物零排放。国家的主体功能区战略与区域发展总体战略是相辅相成的，共同构成了我国国土空间开发的完整战略格局，全国各地区要严格按照主体功能定位推进发展。

这里扼要介绍我国实施的区域发展总体战略。我国实施的区域发展的总体战略是：把深入实施西部大开发战略，放在区域发展总体战略的优先位置，发挥资源优势和生态安全屏障作用，加强基础设施建设和生态环境保护，支持特色优势产业发展，加大支持西藏、新疆和其他民族地区发展力度，扶持人口较少民族的发展。全面振兴东北地区等老工业基地，完善现代产业体系，促进资源枯竭地区转型发展。大力促进中部地区崛起，发挥承东启西的区位优势，壮大优势产业，发展现代产业体系。积极支持东部地区率先发展，发挥对全国经济发展的支撑作用，在更高层次参与国际经济合作和竞争，在转变经济发展方式、调整经济结构和自主创新中走在全国前列。要推动形成东中西部互动、优势互补、相互促进、共同发展的格局[142][144]。按照国家实施的区域发展总体战略，是全国经济合理布局的要求，规范开发秩序，控制开发强度，制定我国主体功能区规划，贯彻落实科学发展观，形成了高效、协调、可持续的国土空间开发格局。

　　这里建议的是，在国家实施的区域发展总体战略与制定的全国主体功能区规划的引领与指导下，建立具体地方的经济生产、生活和生态安全关键问题的解决点，具体地方——可以是一个县或是一个区，甚至可以是一个乡（或镇）、一个村，或城市里的一个居民社区。作为当地的领导、负责的同志，或者是村民、居民，都可以思考建议当地经济生产、日常生活和关乎生态安全的关键问题及其解决的办法（也就是解决点），这对群众的正常生活和保证社会和谐与可持续发展是具有重要意义的；尤其是当地的有关负责同志，要知晓当地属于哪一个发展总体战略的区域，属于哪一个主体功能区内，在国家区域发展总体战略与全国主体功能区规划的引领、指导下，仔细地查看与深入调查了解，发现本地的即当地经济生产、生活和生态安全的关键问题，及其解决的办法，即解决点。例如，我国有些地方，地震发生的频率较高，除了有关专业部门时刻注意监测外，当地的有关负责同志和当地群众，也应注意地震是否可能发生，尤其是当地主管部门的负责同志，要经常留意地震的可能发生，并要尽量找出如果发生地震，怎样安全疏导群众；平时也要向群众宣传防震抗震的科普知识，并且在房屋建筑上要注意抗震，注意安排预防地震的问题；再如，泥石流灾害，除了有关部门随时注意监测外，当地有关负责同志和居民也应具有防治泥石流灾害的常识，尤其是当地有关负责同志，要经常注意当地山体有没有出现滑坡和山体裂缝，以及降雨情况，山洪可能发生的情况等。参照当地过去是否发生过泥石流的历史，判断目前是否可能发生泥石流灾害，找出影响当地经济生产、群众生活和生态安全的关键问题，如果在降雨量大、暴发山洪，可能出现泥石流灾害时，事先要有所防范，如果出现泥石流灾害时，怎样疏导群众安全转移，确保一方平安，这就是找出关键问题及其解决的方法，也就是解决点。又如，当地发生山洪和泥石脱落等，有没有形成堰塞湖，需不需要及时将堰塞湖中的积水导放出来，保证不冲毁房屋和农田等；矿区的尾矿坝坝体是否牢固，注意天气预报，在暴雨来临的情况下是否安全；还有，农村灌溉土地用的许多中小型水库是否安全，坝体坚固程度如何等，事先都要经常观察考虑，找出影响经济生产和群众生活、可能发生的破坏生态安全的关键问题，并找出可能发生问题的解决办法。再比如，高层大楼的防火问题，特别是数十层以上的高楼建筑，防火通道是否畅通，消防设施是否到位，群众是否具有比较强的防火意识和防火避险与安全撤离的科普知识；尤其是当地的有关负责同志更要关怀群众的冷暖，时刻关注可能发生的影响生产、危害群众生活和危害生态安全的关键问题，并寻求万一发生问题的可能解决点，只要我们全心全意为人民服务，就一定会殚精竭虑，时刻注意可能发生的严重影响当地经济生产、群众生活和生态安全的关键问题，防患于未然，并预想到万一发生严重问题时的可能的解决方法，即找到预想的解决点。

值得提出的是，当地可能发生的影响生产、生活以及生态安全的关键问题，随着时间、空间、地点以及条件等的变化，关键问题也可能发生变化，所以丝毫不能大意，要随时注意不同情况的变化，监测新的变化，研究新的情况，建议在当地要形成一种制度，月月坚持，年年注意，以便尽可能认真找出影响当地生产、生活和生态安全的新的关键问题及问题的可能解决点。我们一定要遵照党的十七大报告中指出的："一定要刻苦学习、埋头苦干，不断创造经得起实践、人民、历史检验的业绩"。建设一方热土，保护一方平安，努力夺取全面建设小康社会的新胜利，建设资源节约型和环境友好型社会，保护好生态环境，让人民群众生活得更加幸福。

四十、生活垃圾的综合治理

根据已有资料，我国城市生活垃圾年排放量约为1.6亿吨，目前我国农村每年的生活垃圾量约为3亿吨，所以我国城乡每年生活垃圾的总排放量约为4.6亿吨[130][131][132]。需要注意的是，我国城乡的生活垃圾每年仍以5% ~8%的速度递增，有些地方甚至出现了"垃圾围城"、"垃圾围村"的问题。

在党和政府的重视和指导下，我国有关部门、企事业单位和广大城市居民、农村村民，大家齐动手，城乡上下治理生活垃圾围城以及垃圾围村的问题，取得了巨大的成绩。我国城市垃圾处理率已接近90%左右[130]；其余尚未处理掉的生活垃圾也采取"暂时封存"等措施。我国实施了"以奖促治"、"以奖代补"重大政策措施，探索出了农村环境保护新道路，对已经开展生态建设示范和生态环境达标的村镇，通过"以奖代补"，给予财政资金奖励；"以奖促治"的关键在"治"后有"奖"，对改善农村环境质量而且达到污染治理目标的给予经济奖励，建设"清洁水源"、"清洁家园"和"清洁田园"[133]；按照新农村建设"村容整洁"的要求，增加对农村垃圾处理基础设施的投入，建设好相应的处理农村垃圾的配套设施，我国农村许多地方，清运处理农村垃圾出现了新的局面。例如，山东省莱芜市创新农村垃圾处理模式，带来卫生文明的新农村，莱芜市实现了对农村生活垃圾"村收集、镇清运、市处理"，改善了村民的生活环境和农业生态环境，莱芜市将农村垃圾处理作为统筹城乡发展的突破口，面向市场公开招标，把垃圾处理工作推向市场，全市20个乡镇、办事处通过招投标方式确定了29家垃圾清运公司，1 050个行政村配备了保洁人员2 000多名，"村收集、镇清运、市处理"就是村集中收集垃圾（村收集），然后由各乡镇招标确定的保洁公司负责清运（镇清运），统一运到市里指定的垃圾场进行无害化处理（市处理），为保证农村垃圾真正运得出、处理好，莱芜市垃圾处理场每天安排专人对各乡镇运来的垃圾进行验收统计，市环卫处将每天的垃圾处理情况汇报给该市建委，再由市建委一周一报给该市市委、市政府[134]；莱芜市垃圾场目前日接收农村垃圾约400吨，与该市生活垃圾量大体持平，城乡生活垃圾都进行了无害化处理；随着生活垃圾的逐年有所增加，垃圾处理场还将有所扩建，提高日处理垃圾的能力。可以说，我国农村多数地方，已经开始处理生活垃圾，昔日农村有些地方的那种"垃圾靠风刮"（垃圾被大风吹跑，扩大了污染面）的"垃圾围村"现象已经逐步改观。

国外许多国家都很重视生活垃圾的分类和处理，而且治理生活垃圾也是环境保护和群众现实生活中的热点话题[8]；我国在处理生活垃圾方面也累积了不少好经验。总体的情况是生活垃圾一定要分类处理，一般可将生活垃圾分为：①可回收的生活垃圾：包括废纸、废塑料、废玻璃、易拉罐、旧衣服、旧废家电、废电池等，多数的可回收垃圾可以实现再利用，也有的将废电池等作为有害类垃圾，集中进行无害化处理等。②不可回收的生活垃圾，也有的称为"其他的生活垃圾"，主要特点是不可回收或难以回收再利用的，如打扫清洁时的扫墙扫地土、碎砖头瓦块、废渣土、燃烧差不多的废煤渣、废炉灰土、废毛飘尘物、夹杂有废木屑、碎革渣等。③厨余垃圾：也称餐厨垃圾，就是剩饭、剩菜、废菜叶、废食品、废食用油脂等，厨余垃圾在有些地方和有的城市，可约占生活垃圾总量的三成到一半左右，所以卫生和妥善地将厨余垃圾进行资源化处理，在生活垃圾处理上，是具有重要意义的。

　　处理生活垃圾的方法还是比较多的，我们应该意识到，要正常和谐地生活，就必须认真对待生活垃圾的处理，而且，毕竟我国还约有 2/3 城市被生活垃圾群包围[135]，也还有许多农村出现了生活垃圾围村的问题[132]。我们应该而且也能够处理好生活垃圾。将生活垃圾处理好，主要内容包括：①一定要对广大群众做好垃圾分类、分装的科学普及和必要的垃圾的管理工作，不论是市民还是村民，都应该根据居住地的具体情况和有关管理部门的安排，对生活垃圾进行分类收集和投放，为下一步有关方面进行的生活垃圾分类清运和不同方式处理打下坚实的基础。②对于可回收的生活垃圾，进行分类收集、分类处理，可再生资源回收利用、"变废为宝"，例如，对分类收集来的废纸、废塑料等进行再生处理，制成了新的纸品和新的塑料制品等，可回收生活垃圾进入了再生资源回收系统。③对于不可回收的生活垃圾（也称其他生活垃圾），要运送到垃圾焚烧厂，进行焚烧发电之用[136]。要着重说明的是：合格的垃圾焚烧厂其烟气中的有害物含量远低于国标限值，如上海虹桥垃圾焚烧厂烟气净化，采用半干法"加"喷活性炭"加"袋式除尘器相结合的工艺，并预留了脱氮装置；该厂烟气通过该系统处理后，有害物质含量远低于国标限值，其中，二噁英（二噁英属于毒性很强的可致人体癌症的化合物）的含量低于每标立方 0.1 纳克的欧洲标准[137]；所以，合格的垃圾焚烧厂其安全性是有保障的。对于不可回收的生活垃圾，也可采用科学填埋法[8]；就是将其他生活垃圾清运到垃圾填埋场，将坑底设置防水层（免除对地下水可能的污染），逐层覆土填埋垃圾，达到合理的垃圾厚度（根据地形约控制在数米以下），最后垃圾上方覆盖约 20～30 厘米厚的土层并覆盖结实，同时设有可开可关的排气孔道，待到垃圾堆排出沼气，可通过管道引到沼气发电厂作为发电等之用。④对于厨余垃圾进行封闭清运和资源化及无害化处理，转化为有机肥料、微生物菌剂肥料、生物饲料或生物柴油等，例如，北京市朝阳区高安屯餐厨废弃物资源化处理中心，日处理餐厨垃圾能力为 400 吨，一条生产线的日处理能力是 100 吨，能消纳 100 万人的餐厨废弃物，4 条生产线全部投产，可满足整个朝阳区的需求[138]。高安屯餐厨废弃物资源化处理中心生产的微生物菌剂肥料，北京有多个利用这种肥料种植绿色蔬菜的农场，2008 年时成为北京奥运会特供基地；其餐厨废弃物转变成的生物饲料，受到鸡养殖场养殖大户的欢迎。

我们要走适合我国国情的治理生活垃圾之路，下定决心彻底解决不少地方存在的生活垃圾围城、围村的问题，问题是一定能够解决的。那就是可以概括为：在生活垃圾的源头上，应实行生活垃圾分类收集、实现资源化、减量化处理；可回收的物资需要认真回收再利用，使可回收的"废""旧"物资资源再利用，回到有用的地方，物尽其用；对有害垃圾进行无害化处理及综合利用；对其他不可回收的垃圾进入垃圾焚烧厂焚烧发电等之用，有条件的地方（垃圾填放场较宽敞等），对不可回收的生活垃圾进行卫生防渗填埋，或夯实堆山、植树种草，产生的沼气可用于发电等之用；对于厨余垃圾进行卫生处理，用于堆肥、制造生物肥料以及禽畜饲料等之用；勤俭持家，综合分类治理垃圾，保护好城市和农村的生态环境，实现生态良性循环和资源的可持续利用。

中国 2010 年上海世博园内，相隔合适距离，就设置了垃圾分类投放箱（图片 1），从图片 1 可知，清洁、美观又实用的垃圾分类投放箱，使人看了有赏心悦目的感觉，而且经济实用，用清运生活垃圾的专用汽车，分类清运可回收物、其他垃圾以及有害垃圾，分别进行处理，可回收物进行资源回收再利用、"变废为宝"，或制成新产品；对其他垃圾收集后，可送到垃圾焚烧厂焚烧发电等用；对有害垃圾进行无害化处理等。总之，生活垃圾中的各种内容或成份，各去适当之所，物尽其用，保持环境卫生和维护适于人群生活的生态环境。

照片（1）：中国 2010 年上海世博园内设置的清洁、美观又实用

的垃圾分类投放箱

（照片正面左侧箱筒为：其他垃圾；中间箱筒为：有害垃圾；照片正面右侧箱筒为：可回收物。）照片正面背景为：运送生活垃圾的清运汽车。

（本书作者摄）

为了保护农村良好的生态环境，通过"村收集、镇清运、市处理"等方式，将生活垃圾围村问题彻底解决好，使农村生活垃圾得到妥善处理，这样，我国农村清洁、美丽的村容、村貌逐渐显现，在党和政府领导下，经过全体村民、居民的努力，这是必然会实现的。

　　农村生态环境的良好保持，还需要靠平日细致的清洁和环保措施，为此，本书作者设计了绿色碳汇清洁灶（见示意图8）。绿色碳汇清洁灶内，焚烧的是农村日常打扫清洁时的少量的夹土废弃物（因大量的生活垃圾已被"村收集、镇清运"时运往市垃圾处理场），包括可能出现的少量的生活垃圾、木屑、毛渣、废皮革等的边角料、废土渣等，因为来源物分散，并夹杂有土质，一般又较干燥，所以尚易于焚烧，通过灶下端的只连通下部地垄的通气孔道，烟气经略加生石灰的轻度石灰水漕、略加植物草木灰的水漕、再经木炭吸滤体，最后再经适当长度的长土垄，既使在焚烧灶中个别可能出现的不良气体，被上述一路的物质吸收和土壤疏松块体的长土垄继续净化，已吸收净化完结，最后排出的二氧化碳气、少许水汽等，由长土垄地面出气口输送到庄前房后的森林或灌木、草地地面，被植物吸收，作为绿色植物碳汇积存，故称为绿色碳汇清洁灶。灶体的大小，因地制宜地按农村当地地形和场地而定，小焚烧灶可以为直径 50 厘米左右，下侧开若干气孔通道，灶体可用粗质铁皮制作，上加一活动封闭盖，小焚烧灶为外露部分，其下部与地垄相接，进入地面以下，垄沟深及沟宽均约为 40～60 厘米，按示意图放入相应的物质成分（轻度石灰水漕、草木灰水漕、木炭吸滤体等），上部用石质料等密封，吸滤、净化不良气体，长土垄长度依地形及场地而定，一般 3～4 米左右即可，进一步净化排出的废气，二氧化碳、水汽等从长土垄的地面出气口排出，至村前屋后附近的树林下、灌木下、草地等地面，被碳汇植物体吸收，并保护了良好的生态环境。

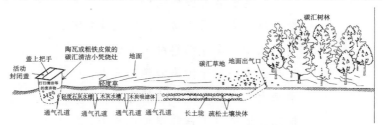

图（8）：混土型绿色碳汇清洁灶示意图

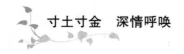

附录：科技诗《防治酸雨》

防治酸雨

（诗作者：高　粱）

是谁将西欧、北美的许多湖泊酸化？

又是谁使瑞典不少湖泊中的鱼类，

有的死、有的被迫迁移了家？

还有其他水生生物也被弄垮！

又是谁毁坏了大片森林，

让许多农作物也枯萎黄化？

是谁使土壤酸化、肥力低下？

还有被腐蚀的建筑物如同长了疮疤！[注1]

究竟谁是肇事的凶手？

原来这些都是酸雨造的孽啊！[注2]

酸雨被人们称为凶神恶煞，

酸性物在空中随风飘移，

从美国北部工业区降落到加拿大，

从英国高烟筒里排出的废气，

也曾随风吹送到瑞典呈酸雨落下，

酸雨的危害也已出现在我们国家。[注3]

酸雨已成为全球性环境问题之一，

人们一定要努力围歼它！

严格执行大气污染防治法等法律规章，

消烟除尘、含硫燃料脱硫处理，

还要大力进行无污染能源的开发，

消除大气中的二氧化硫等毒质，

把住各道关口不许酸雨形成降下，

让甘露般的雨水滋润大地、哺育庄稼。

（注1）建筑物及人物塑像等被酸雨长期腐蚀后，表面失去光滑，呈现多种腐蚀痕迹，看上去好似长了"疮疤"一样。

（注2）酸雨是指大气中的二氧化硫和氮氧化合物等，与雨、雪等作用形成稀硫酸和稀硝酸，随雨雪降落到地面，这种含酸的雨或雪通称为酸雨。国际上一般规定酸雨为 pH 值（酸碱度）小于 5.6 的降水。

（注3）1979 年初，我国贵州省的松桃县和湖南省的长沙市、凤凰县等地发现酸雨，此后相继在重庆市、上海市及附近地区如南京、常州等地监测到酸雨。天津市等地也曾多次测得 pH 值低于 5.6 的酸雨。

下篇：寸土寸金　同生共长

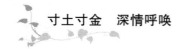

第一节　优生优育，控制人口合理增长，
达到平衡稳定发展

　　2010 年，全世界人口总数已达 68 亿，估算到 2025 年世界人口将突破 80 亿，到 2050 年，世界人口可能将达到 94 亿[147]。让我们追溯一下世界人口发展的历史，公元前 5000 年，世界人口约为 2 千万人；1850 年约达到 11.7 亿人；1950 年世界人口约达 25.13 亿人；1987 年 7 月 11 日，为世界 50 亿人口日；1999 年 10 月 12 日，为世界 60 亿人口日。从以上可以清晰地看出，随着时间的推进，世界人口的数量呈现了很显著的增长[8][10]。世界人口的大量增长，粮食和饮水等的供给都出现了很大问题，例如，2009 年全球饥饿和营养不良人口首次突破 10 亿，达到 10.2 亿人，比上年约增加 1 亿人，全世界每 6 秒钟就有一名儿童因饥饿或相关的疾病死亡[153][154][155]；又如，全世界目前还有 8 亿多人缺乏清洁饮水、约有 26 亿人缺乏基本卫生设施，由于因缺乏清洁饮水和卫生设施引起的相关疾病，每年全世界约有 150 万 5 岁以下儿童死亡[156]。要合理控制世界人口数量的发展，否则这样急剧发展下去，眼下的地球不可能供养这么多的人口，因为受到各种自然资源和目前科技达到的水平所限，超出了当下地球所能供养和承载这么多人口的能力，所以，全世界人口数量应控制在合理的发展水平。

　　我国人口数量的发展也是很迅速的，中国是世界上的人口大国，从文献资料记载可知，1840 年我国人口为 4.128 亿人，1949 年达到 5.417 亿人，1995 年 2 月 15 日是中国 12 亿人口日，2005 年 1 月 6 日为中国 13 亿人口日，2010 年我国人口已达 13 亿多，人口平均密度相当于世界人口平均密度的 3 倍多[8][10]。我国仍然是一个发展中国家，人口多、底子薄、人均资源相对不足，仍然是我国的基本国情；人口问题始终是我国经济社会发展的重大问题，始终是制约我国全面协调可持续发展的重大问题，人口问题在经济社会发展中处于重要的基础性地位[157][158]。党和国家领导我国人民，努力解决我国人口总量过大和增长过快的问题，做出了卓有成效的工作和显著的成绩。

 小贴士：

　　1980 年 9 月 25 日，中共中央发出《关于控制我国人口增长问题致全体共产党员、共青团员的公开信》，号召党团员带头只生一个孩子，要求所有共产党员、共青团员，特别是各级干部，带头响应国务院关于一对夫妇只生一个孩子的号召，并向广大群众进行宣传教育。1982 年，中共十二大报告正式将实行计划生育确定为我国的一项基本国策；同年年底，全国人大五届五次会议通过的《中华人民共和国宪法》中规定："国家推行计划生育，使人口的增长同经济和社会发展计划相适应。"规定："夫妻双方有实行计划生育的义务"。计划生育正式成为基本国策和公民应该履行的义务。改革开放 30 年间，我国实现了人口再生产类型由高出生、低死亡、高增长，向低出生、低死亡、低增长的历史性转变，全国少生 4 亿多人，成功地改变了中国人口发展的轨迹[159]。我国开展计划生育工作是比较早的，早在 20 世纪 60 年代初，我国有关方面就提出了计划生育的号召，响应计划生育的伟大召唤，这不只是个人家庭的事，这更是关乎国家强盛和民族兴旺的国家大事，我们理应以身作则真诚响应，并且用实际行动带动群众做好计划生育工作。在改革开放之初，由于我国人口基数大，当时年净增人口约在 1 500 万左右，实行计划生育使我国 13 亿人口日推迟 4 年到来，对经济持续较快增长的贡献率达到 1/4 以上，使人口对资源、环境的压力得到有效缓解；但是受人口惯性增长势头等的影响，在今后十几年，中国总人口每年仍将净增约 800 多万人，到 2033 年左右将达到峰值约为 15 亿人；与此同时，我国将实现人口数量的"零增长"[160][161]。

就目前我国农业科技等的发展水平，自然资源可提供给人口的食物的数量、土地环境等自然资源的可能供给量和承载能力，我国人口大体应合理控制与稳定在 16 亿人左右，根据经济物资生产能力和水平等，以后总人口规模也不宜再增加。人类离不开土地供给必需的大量的食物和产品；同样，人类也离不开水资源的供给，我国地大物博，但人口众多，导致土地资源和水资源的人均占有量相当低。拿水资源来说，眼下我国的人均水资源量只约有 2 300 立方米，仅为世界人均水平的 1/4，是全球人均水资源很贫乏的国家之一[8][162]。就仅从自然资源可能供给人类必需品的数量，就可以看出，我国推行计划生育、使人口的增长同经济和社会发展计划相适应的政策是很正确的。推行计划生育政策，极大地解放了社会生产力，我国已经步入了低生育水平国家的行列；改革开放 30 年来，中国人类发展指数跃至国际中等发展水平；人均期望寿命从 68 岁提高到 73 岁；贫困人口从 2.5 亿减少到约 4 千万人；我国人口计划生育和稳定合理发展工作取得了长足进步，人口优生优育取得显著成绩，有效缓解了人口对资源和环境的压力，促进了经济社会发展和民生的改善[163]。但是我国人口多的基本国情仍然没有改变，人口规模庞大，人口素质、结构、分布等问题日益突出显现，出生人口素质亟待提升，要深入开展"关爱女孩行动"、综合治理出生人口性别比偏高的问题，综合解决人口老龄化问题，劳动年龄人口的就业问题，切实加强流动人口计划生育服务管理问题等，应进一步解决人口数量、素质、结构、分布等诸多方面的问题。要按照国家的政策规定，深入贯彻落实科学发展观，坚持以人为本、统筹兼顾，走中国特色的统筹解决人口问题的道路，使人口与经济社会、资源环境相协调，实现经济社会可持续发展，要在稳定适度低生育水平的基础上，更加重视提高人口素质、优化人口结构、促进人口合理分布，提高人力资本和劳动者素质对经济增长的贡献率，努力将我国人口多的压力转化为人力资源丰富的优势[157]。要按照中国共产党第十七次全国代表大会报告中的要求，一定努力做到"坚持计划生育的基本国策，稳定低生育水平，提高出生人口素质"。

我国是地大物博的繁荣昌盛的伟大的社会主义国家，在党中央、国务院的正确领导下，在人民群众的衷心支持下，我国人口的发展事业必定迎来更为光辉灿烂、更为美好广阔的前景。要人人为新中国强大尽忠、为民族兴旺尽力，以身作则，带头实行计划生育、优生优育，一定能够有效落实计划生育的基本国策，为全面建设小康社会和实现中华民族的伟大复兴贡献力量。

第二节　依法保护土地，防治环境污染和生态破坏

有言道："民以食为天，食以土为源"。

我们伟大祖国有辽阔的领土，陆地总面积约 960 万平方千米，而全世界陆地总面积约为 1.49 亿平方千米，就是说，我国的陆地面积约占全球陆地面积的 6.44%（即约占 1/15）。但是，由于我国人口众多，我国人均占有的土地资源面积，只相当于世界人均占有土地资源面积的 1/3，我国人均耕地面积仅约占世界人均耕地面积的 1/3 左右，目前我国人均耕地平均约为 1.4 亩左右，我国以不到世界 9% 的耕地，养育了约占世界 22% 的人口，这是很了不起的成就[8]。但是同时也提醒我们，一定要依法严格保护我国的土地资源，尤其是要依法最严格地保护我国耕地资源，坚持最严格的耕地保护制度，关系着国计民生，要求到 2010 年和 2020 年，全国耕地保有量分别保持在 18.18 亿亩和 18.05 亿亩，在规划期内，确保 10 400 万公顷基本农田数量不减少，质量有提高，确保实现《全国土地利用总体规划纲要（2006～2020 年）》提出的各项目标[21]。在党和政府的领导下，经过全国各地的努力，上述任务要求是一定能够实现的。"十一五"期间，通过补充耕地以项目形式实施、建设项目与补充耕地项目挂钩制度，实现了对耕地的"占一补一"，2006～2009 年，我国共补充耕地面积 1 600 多万亩，多于同期建设占用的 1 250 多万亩耕地，做到了占补有余，稳定了

耕地面积[164]。同时，一定要保证补充耕地的质量。有正确的政策并执行到位，有党和政府的坚强领导和人民群众的大力支持，我国土地资源尤其是耕地的保护是一定会取得成功的。同时做好控制人口的合理增长，达到人口平衡稳定发展，粮食等农产品连年有好收成，2010年我国粮食总产量为54 641万吨，比上年增加1 559万吨，增产2.9%，这是我国粮食连续第七年增产[165]。我国土地资源尤其是耕地资源的保护，是有着良好前景的。

 小贴士：

　　我国的生态环境保护工作取得了很大进展，生态恶化趋势初步得到遏制，局部生态环境有所改善。例如，进入21世纪以来，我国年均治理沙化土地100多万公顷，重点治理区生态状况明显改善，风沙危害逐步减轻，如陕西省榆林市已经实现了由"沙逼人退"到"人逼沙退"的转变，年均扬沙天气由66天减少到24天；又如京津风沙源治理生态工程取得效果，工程区森林覆盖率提高，（北）京（天）津地区沙尘天气总体上明显减少；再如对水土流失的治理也逐步取得效果，如长江全流域，首次实现水土流失由增到减，已实施20年的长江上中游水土保持重点防治工程，在我国水土流失最为严重的区域产生巨大的生态效益，该工程治理水土流失面积9.6万平方公里，涉及长江上中游10省（市）200多个县的5 000多条小流域，扭转了长江流域水土流失加剧和生态环境恶化的趋势，该工程，已在长江上中游实施了七期重点治理工程，监测显示长江流域水土流失面积减少了15%，长江流域水土流失面积首次实现由增到减[166][167][168][169]。发展沼气工程对改善农民生活环境和保护生态环境及农业废弃物良性循环、促进清洁能源利用，具有重要意义，截至2009年底，我国户用沼气达到3 507万户，大中型沼气工程达到22 570处，每年生产沼气130.0亿立方米，相当于节省煤炭2 100多万吨，减排二氧化碳5 100多万吨；据农业部测算，"十一五"末，我国户

用沼气将达到 4 000 万户，年均可替代薪柴和秸秆 4 800 多万吨，相当于保护林地 1.32 亿亩[170]。据 2009 年中国国土绿化状况公报等，我国森林面积达 1.95 亿公顷，森林覆盖率为 20.36%；人工林面积达 0.62 亿公顷，继续保持世界首位。三北防护林工程、天然林保护、长江防护林、沿海防护林、退耕还林、京津风沙源治理工程等林业重点生态工程都取得很大成绩；湿地生态保护恢复工程、草原重大生态建设工程等也都取得良好的进展和效果；我国城乡绿化快速发展，城市建成区绿化覆盖率达 37.37%，城市人均拥有公园绿地面积已达 9.71 平方米，一些地方生态环境明显改善，取得了显著的生态效益、经济效益和社会效益[76]。但是，我国生态环境总体恶化的趋势还尚未根本扭转，环境治理的任务仍相当艰巨。在党和政府的坚强领导下，我国人民万众一心，能够克服任何困难，一定能够建设成资源节约型、环境友好型社会，让人民在良好的生态环境中生产生活，实现经济社会的永续发展。并且，我国到 2030 年左右，实现人口数量和规模的"零增长"；到 2040 年，实现资源和能源消耗速率的"零增长"；到 2050 年我国实现生态环境退化速率的"零增长"，标志着我国那时已经达到发达国家水平，实现绿色发展[171]。

伴随着工业生产的迅速发展，人类排放的污染物急剧增加，在世界一些地区先后发生了环境污染事件，例如本书前面曾经提到的世界八大公害事件等。随后，世界许多国家已经开始治理本国的环境污染以及生态环境破坏的问题，并取得较为明显的成效；但是世界上有些地区，环境污染治理力度不够，环境污染仍时有发生，不少地区环境污染的问题日渐突出，又出现新的环境污染，治理环境污染问题也越发显得重要。

我国在预防和治理环境污染方面，已经取得显著成绩，我国将控制人口和保护环境作为两项基本国策，具有中国特色的社会主义法律已经基本形成。在《中华人民共和国宪法》中，就包括了有关环境保护的规定，例如宪法第二十六条规定："国家保护和改善生活环境和生态环境，防治污

染和其他公害。"宪法是国家的根本大法，要严格以宪法为根本的活动准则，这也就与我国环境保护事业包括农业环境保护事业确定了宪法基础。我国环境法制建设不断完善，逐步形成了以《环境保护法》为母法，《大气污染防治法》《水污染防治法》《海洋环境保护法》等为子法的法律体系，在党的建设有中国特色社会主义理论的指导和党的社会方义初级阶段的基本路线的指引下，经过多年的实践，我国已形成了环境保护法规体系，使环境管理工作走上了法制轨道。与环境保护有关的资源立法工作，也逐步健全和完善，我国已颁布的《森林法》《草原法》《渔业法》《矿产资源法》《土地管理法》《水法》《野生动物保护法》等资源法，对于保护、管理和开发利用我国的自然资源，对于保护、恢复、改善与创建良好的生态环境等，都具有十分重要的意义。国务院先后也发布或批准了一系列环境保护的行政法规。从我国宪法中有关保护环境和自然资源的规定、全国人民代表大会常委会颁布的有关环境保护法律法规、国务院发布的有关法规，到有关部委和各省、市、自治区等的地方法规，说明我国关于环境保护的法律法规，层次齐全、自成体系。随着社会主义建设事业的发展和需要，坚持以邓小平理论和"三个代表"重要思想为指导，深入贯彻落实科学发展观，有关环保法律法规必将更加完善、更加完备与发展。经过各方面宣传环境保护法律、法规普法常识和有关的科普知识，以及组织广大群众参与世界环境日、世界地球日、世界粮食日、世界海洋日、世界气象日等纪念活动，和参加我们伟大祖国的全国"土地日"等的多项纪念活动，通过各种活动，让社会公众更加爱护自然界，更加自觉保护生态环境；更加爱惜粮食、更加珍爱每一寸土地等[8][172]。

小贴士：

在党中央和国务院的领导下，我国各级环保主管部门及有关部门依法努力开展工作，在广大人民群众大力参与和支持下，我国环境污染防治工作取得很大成效。我国在2010年2月9日发布了《第一次全国污染源普查公报》，通过污染源普查，掌握了各类污染源情况，收集了全国592万多家有污染源的单位和个体经营户与环境有关的基本数据，其中工业源157.6万个，农业源289.9万个，生活源144.6万个，集中式污染治理设施4 790个。也首次基本摸清了各类农业源污染物的排放情况。这些数据正是当前环境状况的真实反映，呈现给我们一个真实的污染底数。通过污染源普查显示，机动车氮氧化物排放量占排放总量的30%，对城市空气污染影响很大；农业源污染物排放中，化学需氧量排放量为1 324.09万吨，占排放总量的43.7%。农业源也是总氮、总磷排放的主要来源（其排放量分别为270.46万吨和28.47万吨），分别占排放总量的57.2%和67.3%，对我国水环境的影响较大。同时对重点流域（海河、淮河、辽河、太湖、巢湖、滇池）的工业污染源、农业污染源、生活污染源的主要污染物排放量在污染源普查公报中作了公布[173][174]。污染源普查结果还表明，经济较为发达、人口相对密集地区的工业源化学需氧量、氨氮、二氧化硫、氮氧化物等4项主要污染物排放量均位于全国前列。农业源污染中，较突出的是畜禽养殖业污染，畜禽养殖业的化学需氧量、总氮、总磷分别占农业源的96%、38%和56%，要大力推进畜禽粪便的资源化利用，防治养殖污染，以及提高化肥、农药的利用率，防治流失污染等。对于重金属污染，即对铅、镉、汞、铬等重金属对水体和土壤等的污染治理也早已提上日程。"十一五"主要污染物减排目标已提前实现，2006年至2009年，全国化学需氧量和二氧化碳排放量累计分别下降9.66%和13.4%，"十一五"二氧化硫减排目标提早一年实现，化学需氧量减排目标提早半年实现。部分环境质量指标持续好转，与2005年相比较，2009年环保重点城市空气二氧化硫平均浓度下降24.6%；七大水系国控断面Ⅰ类至Ⅲ类水质比例提高了16.1个百分点[183]。虽然我国对大气环境污染、水环境污染、土壤环境污染等加大了治理力度，但由于工业化以及城镇化加速等原因，我国环境污染状况仍然应引起我们高度注意，从污染源普查结果看，我国环境状况是局部改善，但整体恶化的趋势还没有彻底改变[175][176][177]。我们治理环境污染的任务仍然是任重道远，但是，我国有能力治理环境污染，有能力保护、维护、恢复以及创建良好的生态环境，环境污染状况不但局部改善，而且环境总体恶化的趋势一定会彻底改变，让水体清洁、空气清新、土地洁净，呈现天更蔚蓝、水更清澈、土壤更为肥沃等。

根据《中华人民共和国2009年国民经济和社会发展统计公报》的统计资料，2009年年末，我国城市污水处理厂日处理能力达8 664万立方米，城市污水处理率达到72.3%[101]。我国城市生活垃圾处理率已接近90%左右[130]。对污水和垃圾等进行净化和治理，对于保护生态环境、防治环境污染和废弃物资源化，提高对放弃物的利用率等，具有重要意义。这里要着重提及的是，根据已有资料，目前我国城市生活垃圾年排放量为1.6亿吨左右；我国农村每年的生活垃圾量为3亿吨左右[130][131][132]。我国农村许多地方，清运处理农村垃圾也出现了新的局面。但是我国还有一些城市和一些农村，对生活垃圾处理不利，"垃圾围城"、"垃圾围村"的问题还尚未根本解决；同时，城乡生活垃圾也尚未全部进行处理，为了建设"清洁城市""清洁农村"，也为了将废弃物资源化，提高对放弃物的利用率，防止"量大面广"的生活垃圾对环境造成污染等，在此本书作者建议设立全国清理净化生活垃圾日。

设立全国清理净化生活垃圾日，可有如下的良好作用：①每年有一天定为清理净化生活垃圾日，提醒大家形成习惯，重视对生活垃圾的处理，不单是专业的垃圾清洁队等相关单位收集处理生活垃圾，而且是在该日动员城乡居民、村民适当抽出一些时间，自愿打扫门前及周围的清洁，自觉清理各自各户的生活垃圾，保持良好的生活环境和生态环境。②设立清理净化生活垃圾日，对彻底解决"垃圾围城"、"垃圾围村"问题，有很好的促进作用。③设立清理净化生活垃圾日，对提升废弃物资源化率、提高对废弃物的利用率有良好的作用，而且对提高居民和村民对于生活垃圾的分类及其净化处理的科普知识，是很有益处的。

　　本书作者建议设立每年一天的全国清理净化生活垃圾日的日期，为每年的四月三十日，4 月有 30 天，定在该月的最后一天，转天就是"五一劳动节"节日假期了，从迎接节日来临和气候条件等综合因素来看，定在每年的 4 月 30 日为全国清理净化生活垃圾日，是比较恰当的。

　　保护好我国的生态环境，保护好土地，尤其是耕地资源，防治环境污染等，是具有极为重要意义的。我们一定要始终保持对马克思主义、对中国特色社会主义、对实现中华民族伟大复兴的坚定信念，一定牢记社会主义初级阶段的基本国情，为党和人民的事业不懈努力[1]。将环境保护工作包括农业环境保护工作，做得更好。保护土地，尤其是耕地，保护好生态环境，防治环境污染和生态破坏，也就是保护地球家园，地球为人类提供了各种自然资源，地球是眼下已知的人类唯一的家园，地球是人类的衣食父母，我们应十分珍爱地球，保护好生物多样性，保护好生态环境，控制好人类自身——人口的合理增长与平衡稳定发展。本书作者发出深情呼唤，人类要合理地控制自己，要善待地球！地球在宇宙中已经经历了大约 46 亿年的历史；经过漫长岁月的演化，地球上诞生了生命，又经过漫长的生物进化过程，直到约二百多万年前，地球上才出现了人类。

第三节　预防和治理自然灾害

　　《中华人民共和国 2008 年国民经济和社会发展统计公报》中指出：2008 年全年各类自然灾害造成的直接经济损失达11 752 亿元，比上年增加 4 倍。该年因洪涝灾害造成直接经济损失 635 亿元，死亡 686 人。该年因旱灾造成直接经济损失 307 亿元。该年因海洋灾害造成直接经济损失 206 亿元。该年低温冷冻和雪灾造成直接经济损失 1 595 亿元，死亡 162 人。该年实际发生各类地质灾害 2.7 万起，直接经济损失 183.7 亿元，死亡 656 人。该年大陆地区共发生 5 级以上地震 87 次，成灾 17 次，造成直接经济损失 8 523 亿元，死亡近 7 万人，其中，四川汶川地震震级达 8 级，造成直接经济损失 8 451 亿元。《中华人民共和国 2009 年国民经济和社会发展统计公报》中指出：2009 年全年各类自然灾害造成直接经济损失 2 524 亿元，比上年下降 78.5%。该年因洪涝灾害造成直接经济损失 655 亿元，死亡 902 人。该年因旱灾造成直接经济损失 1 099 亿元。该年低温冷冻和雪灾造成直接经济损失 172 亿元，死亡 40 人。该年因海洋灾害造成直接经济损失 100 亿元。该年实际发生各类地质灾害 1 万起，直接经济损失 18.3 亿元，死亡 331 人。该年大陆地区共发生 5 级以上地震 24 次，成灾 8 次，造成直接经济损失 27.4 亿元，死亡 3 人。2010 年以来，我国极端灾害性天气突出、多发，干旱、洪涝、台风、山洪、泥石流、滑坡等灾害异常严重；特别是 2010 年 8 月 8 日凌晨，甘肃省舟曲发生了特大山洪泥石流灾害，造成 1 765 人死亡和失踪，房屋倒塌损坏，基础设施严重损毁；从 2010 年年初，西南 5 省区发生百年不遇的特大干旱，农作物受灾面积超过 1 亿亩，饮水困难人口最多时超过 2 000 万人，直接经济损失近 770 亿元；2010 年进入汛期后，全国降雨过程多、雨量大导致灾重，30 个省区市遭受不同程度的洪涝灾害，长江上游出现了超过 1998 年的特大洪水，洪涝灾害共导致 2.1 亿人受灾，3 222 人遇难，1 003 人失踪，2.7 亿亩农作物受灾，直接经济损失 3 475 亿元；2010 年台风生成登陆比例偏高，有些台风风力强、降雨大、次生灾害重，对沿海地区造成严重影响；山洪、泥石流、滑坡等灾害点多面又广、突发性强，造成的人员伤亡占洪涝灾害伤亡人数的九成以上[64][101][178]。在党中央、国务院和中央军委的坚强领导下，全党全军全国各族人民团结在党中央周围，展开了艰苦卓绝的防汛旱抢险救灾工作，夺取了抗灾救灾的伟大胜利，并且得到了国内外各有关方面和社会各界为灾区提供的援助和宝贵的支持。党中央、国务院及时部署防汛抗旱防台风等各项工作，加强气象水文监测，发挥了三峡水库等水利设施拦洪削峰、蓄水供水作用，大江大河干堤和重要堤防无一决口、大中型水库无一垮坝；并且科学组织群众避险，紧急转移群众 1 745 万人次，解救洪水围困人员上百万，最大限度减少了人员伤亡；切实做到了让受灾群众有饭吃、有衣穿、有干净水喝、有住处、有病得到医治，实现了大灾之后无大疫；坚持抗灾夺丰收，开展生产自救，实现了重灾区少减产、轻灾区不减产、其他地区多增产，确保了全国粮食连续7年增产、农民连续7年增收，国民经济平稳较快发展[178]。

我国是世界上自然灾害最为严重的国家之一，我国处于典型的季风气候区，旱、涝以及低温冷害和霜冻、干热风等自然灾害几乎年年发生的频率都较高；近几年来，我国每年因自然灾害造成的粮食损失达1千亿斤左右，约占粮食总产量的10%左右。我国总体地势西高东低、地形复杂多样，山地、丘陵和较为崎岖的高原共约占全国面积的2/3，平原、盆地等约占1/3，复杂的地质条件和综合气候条件等的作用下，导致洪涝灾害、干旱灾害以及水土流失灾害、泥石流灾害、滑坡灾害等的发生。我国也是世界上遭受地震灾害最为严重的国家之一，据资料统计，全球陆地上的7级以上地震，有约近30%左右发生在我国[66][179][180]。但是，这里应着重提及，虽然我国是世界上自然灾害最为严重的国家之一，但是我们有党中央、国务院的坚强、正确的领导和决策，有优越的社会主义制度，有勤劳、勇敢、伟大的人民群众，任何困难也难不倒英雄的中国人民，伟大的中华民族能够战胜任何灾难；同时我们也应该看到，我国是一个幅员辽阔、地大物博的伟大的国家，我国有960万平方千米（公里）的领土，有300余万平方千米（公里）的领海，虽然有的地方时有发生这样那样的自然灾害，但是我国有应对自然灾害的富有成效的举措，努力将自然灾害的危害降到最低限度；我国的综合自然条件还有许多优越的方面，我国具有不同类型的气候带、具有多种类别的有相当肥力的土壤，物产丰富，生物种类繁多，不同生态区域情况差别也很大，尤其是有勤劳伟大的人民，在党的领导下，我国能够以仅占世界9%左右的耕地，养育了占世界22%左右的人口，农业连年增产和丰收，这是多么了不起的成绩啊！我们一定要按照中国共产党第十七次全国代表大会报告中指示的精神，一定要戒骄戒躁、艰苦奋斗、刻苦学习、埋头苦干，更加紧密地团结在党中央周围，为夺取全面建设小康社会新胜利、谱写人民美好生活新篇章努力奋斗！要大力加强水利基础设施建设，加强大江大河防洪工程建设和中小河流治理，对病险水库要除险加固，加强山洪地质灾害防治和蓄洪区建设，提高防汛防洪能力；要建设规模合理、标准适度的抗旱水源工程，提高综合抗旱能力，大搞农田水利建设，大力改善农田灌溉条件，提高农业综合生产能力；建立地质灾害易发地区调查评价体系、监测预警体系、防治体系、应急体系，提高对自然灾害的综合防范和抗御能力[143]。要进一步加强对地震灾害的研究，加强对地球深部的了解。科学探索及其发展的历史告诉我们，自然界是由物质世界构成的，只有我们还尚未探索和尚未研究清楚的自然界的奥秘，但是却没有永远研究不清或研究不透的客观事物和客观世界，关键是要加深研究探索，总有一天，人类会研究清楚地震的"来龙去脉"，在现有基础上研究出准确预报地震和在地震中的人们如何自救与规避，甚至将来能以研究出防范地震的关键技术与方法。进一步加强对抗御干旱灾害、防治干旱及洪涝灾害、对泥石流灾害、滑坡灾害以及水土流失防治技术的研究和推广应用；加强应对气候变化能力的建设，加强对气候变化规律的研究，将减轻气象灾害作为发展农业生产的一项重要内容，保护、改善和修复好生态环境等。

地球的大气，原本就存在着"一定的"温室效应，从而使地球保持了适宜人类生存的正常的温度[20]。但是，由于人类活动规模的扩大以及不合理的活动等原因，向大气排放大量的二氧化碳等温室气体，使温室效应明显增强，例如，由于世界石化燃料消耗量的大量增加，使排放到大气中的二氧化碳等气体增多。目前，发达国家仍然是二氧化碳等温室气体的主要排放国[66]。又如，地球上的森林植被等被大量砍伐破坏，使大气中许多应被森林植被等吸收的二氧化碳没有被吸收[8]。温室效应的增强，全球气候变暖，这是人类面临的重要环境问题之一，因温室效应而引起的地球气候变暖，这确应被认为是事实，而且应该被认为是地球气候的背景作用面之一。但是应该特别提到的是，地球气候原来就存在的另一个背景作用面——地球大气环流与海洋洋流等的导致地球气候变化的这个背景作用面。不应该也不可能将地球气候变化都归结到全球变暖这样一个气候背景面作用面上，确实应该认识到：地球气候变暖这是存在的气候背景面之一；同时也应认识到地球大气环流和海洋洋流同样也是地球气候变化的背景作用面之一，两个背景作用面都相互存在，相互综合影响，相互作为背景面，综合的相互作用，决定和影响着地球气候，包括瞬间或某一短时段内的天气状况等。因此综合研究地球气候变化包括瞬间或短时段的天气情况，是很必要的，两个背景面同时研究、全面监测、全面考虑，才可能取得天气预报以及预报天气灾害的良好效果，不能只考虑某一个影响和可能决定地球气候变化的背景面，地球气候变暖和地球大气环流、海洋洋流等两个背景面，都必需综合研究，研究它们的共同作用、综合影响。例如，2010 年新春伊始，我国北方地区遭遇 50 多年来最大暴雪袭击和出现严寒；2010 年 1 月 23 日，渤海约 51% 的海域被冰层覆盖，渤海海冰面积过半，达到入冬以来最大值。同时，北半球的亚洲、欧洲和北美洲大部分地区也遭遇了罕见的寒潮及严寒[68][69]。2010 年初的这场大范围寒潮冰雪灾害天气，由于地球北极上空大气压力场的极端变化，是引发这次北半球大范围寒潮冰雪的主要原因，高空低压槽后部的西北气流变得非常强劲，引动反气旋系统南下，将冷空气推到了更南的地区，造成了北半球更大范围的严寒冰雪等急端天气。又例如 2008 年初，我国南方地区发生了历史罕见的低温雨雪冰冻灾害等[182]。急端天气的出现，说明地球大气环流及海洋洋流等有其特有的，甚至在地球形成过程中就已逐步存在的客观规律，人类应该也能够逐步认识这些规律；在地球气候变暖和地球大气环流、海洋洋流等两个背景面相互独立存在，又相互作用的影响下，决定着地球气候变化以及极端天气的出现。地球气候的变化包括极端天气的出现，以后还会多次往复进行。地球气候的变化涉及许多学科领域，涉及到天气变化各因素及各因素间的相互作用及其综合影响，涉及到太阳辐射、大气构成、陆地、海洋等许多方面，地球大气环流、海洋洋流以及厄尔尼诺现象、拉尼娜现象等，都有其自身的变化及其客观规律，而且有些客观规律，我们人类也正在不断探索和加深研究中。我们应该加强对地球气候变暖和大气环流等两个方面背景面的详细监测、科学仪器观测、科学考察和深入研究，综合研究两个背景面的"相互背景"和"相互影响"，科学探讨地球气候变暖和极端天气事件可能发生的客观规律，尽可能降低人类不合理活动对气候变化的影响，加强天气预报的准确性，特别加强对极端天气的预报，包括对极端天气预报的可能性和准确性，加强应对气候变化的研究，为人民群众安危冷暖服务，深入贯彻落实科学发展观，为保护全球气候做出新的贡献。

本书作者于此觉悟呼唤，可能存在的不同学术见解，孕育着科学创新的可能，完全能够也应该共同携手科学研究和探讨，以期达到尽量减少自然灾害的危害，为人民造福，为国家做贡献。

第四节　走中国特色农业现代化道路，确保粮食安全

《中共中央关于制定国民经济和社会发展第十二个五年规划的建议》中明确提出，在工业化、城镇化深入发展中同步推进农业现代化，是"十二五"时期的一项重大任务[144]。要坚定不移走中国特色农业现代化道路，是顺应世界农业发展的普遍规律、立足我国国情的必然选择，是统筹城乡发展、协调推进工业化和城镇化的必然要求，是建设社会主义新农村、促进农业可持续发展的必由之路[146]。

我国是有13亿多人口的发展中的大国，是现今世界上人口最多的国家，虽然我国地大物博，但由于人口基数大，我国人均水资源仅为世界人均水资源的近1/4，而且水资源分布也很不均衡；人均耕地面积仅约世界人均耕地面积的1/3左右；我国的粮食需求总量继续增长，我国既是粮食

生产大国，又是粮食消费大国，谷物产量和消费量约占世界的 20% 左右，中国这样一个人口众多的发展中国家，必须将保障国家粮食安全的主动权牢牢掌握在自己手里，实现粮食基本自给，以自己的力量解决人民吃饭问题，这是保障国家粮食安全的基本方针，也是贯穿《国家粮食安全中长期规划纲要》的一条主线[151][181]。由于人均自然资源数量较少，依靠增加自然资源投入量来提高农产品产出量的空间越来越小；根本的出路就是要坚定不移走中国特色农业现代化道路，转变农业发展方式，推进农业科技进步，大力提高农业抗御自然灾害的能力和进一步提高农业综合生产能力；要把水利作为国家基础设施建设的优选领域，要把农田水利作为农村基础设施建设的重点任务，加快建设节水型社会，促进水利可持续发展[191]。保障国家粮食安全，统筹城乡协调发展，坚持工业反哺农业、城市支持农村及多予少取放活的方针，推进农业农村现代化，促进农业的可持续发展[142]。

综合国外的农业发展情况，尤其是必须要根据我国的农业发展现状和基本国情，坚定不移走中国特色农业现代化道路，保持我国农业农村经济持续稳定发展，这是很正确的。中国特色的农业现代化，包含的内容是相当广泛的，而其内涵深刻又具有具体实践的意义，基本内容可以概括为：把保障国家粮食安全作为首要目标。保障农产品供给，进行农产品安全全程监控，确保食品质量安全；增加农民收入，不断提高农业劳动生产率、资源产出率和商品率，转变农业发展方式，提高农业综合生产能力、抗御风险能力和市场竞争能力，促进农业可持续发展；用现代科技和物质条件支撑农业，用现代科技发展农业，用现代产业体系提升农业，完善现代农业产业体系，支持农民专业合作社和农业产业化龙头企业的发展；全面加强农田水利建设，突出农田水利建设和耕地质量建设，加快改造中低产田，大规模建设旱涝保收高标准农田，划定出全国范围内的永久基本农田并实施最为严格的保护，进行农村土地整理复垦，积极稳妥地开发后备耕地资源，现有农村土地承包关系保持稳定和长久不变，按照依法自愿有偿原则，健全土地承包经营权流转市场，发展多种形式的土地适度规模经营；推进农业科技进步，健全农业技术推广体系，发展现代种业，加快农业机械化，提高信息化水平，密切关注天气和气候条件对农业的影响，发展高产、优质、高效、生态、安全农业，促进农业生产经营的专业化、标准化、规模化、集约化，推进农村电网改造，加强农村饮水安全工程建设和农村沼气工程建设，抓好户用沼气、大中型沼气工程和沼气服务体系建设，促进农业资源循环利用；进行农村环境综合整治，保护良好的生态环境，保护草原和林地，保护水生生物资源，防治农业环境污染，按照资源化、再利用和适度减量化的发展理念，研究和大力推广节地、节水、节肥、节药（农药）、节能、节油等农业技术，推进农村清洁工程建设，加快农村废弃物资源化利用，开发以农作物秸秆等为主要原料的生物质燃料、肥料和饲料，有效治理农业面源污染；注重发展和取得农业的经济效益、生态效益和社会效益，将农业的增长转到依靠科技和劳动者素质的提高上来；按照推进城乡经济社会发展一体化的要求，加强农村基础设施建设和公共服务体系建设，搞好社会主义新农村建设规划，加快改善农村生产生活条件，建设农民幸福生活的美好家园。总之，按照党的第十七次全国代表大会报告的精神，坚定不移地走中国特色农业现代化道路，深入贯彻落实科学发展观，实现具有中国特色的农业现代化[1][62][100][142][143][144][145][184]。

我国物产丰富、地大物博，虽然由于人口众多，人均自然资源数量较少，但是科学技术包括农业科学技术的发展是没有止境的，所以，农业生产水平会逐步得到提高，粮食等农产品的产量和质量也会逐步有所提高；更何况我国自然资源包括土地资源的利用发展空间毕竟很大，坚定不移地走中国特色的农业现代化道路，全力保持农业农村经济的持续稳定发展，我国综合农业（包括农、林、牧、渔业等）都有着非常美好而广阔的发展前景。同时，我国农产品质量总体上是安全可靠的；2010年，蔬菜、畜产品、水产品等主要农产品监测合格率都保持在96%以上，要继续做好农产品质量安全工作，加强农产品质量安全监管体系建设；大规模开展粮棉油高产创建和"菜篮子"产品标准化工作；要进一步完善政策，充分调动地方和农民的积极性，充分发挥主产区的作用，重点是"米袋子"要做强主产区、优化品种结构，"油瓶子"要"多油并举"、稳定自给率，"菜篮子"要丰富品种、提高质量等[152]。本书作者在此深情呼唤，我们每一个家庭以至每一个人，都要十分珍惜粮食，更加注意节约粮食，为确保我国粮食安全做贡献，同时也为世界粮食的增产贡献一份力量。

第五节　走中国特色城镇化道路

中国共产党第十七次全国代表大会报告中明确指出："走中国特色城镇化道路，按照统筹城乡、布局合理、节约土地、功能完善、以大带小的原则，促进大中小城市和小城镇协调发展。"[1]我们一定要遵照党的十七大报告的精神，走中国特色城镇化道路。

《中国城市发展报告》2009年卷提到，我国已进入城镇化加速时期，预计到2020年，将有约50%的人口居住在城市，到2050年，则将有约75%的人口居住在城市；1949年，我国只有132个城市，城镇化水平仅为10.6%，已比过去的60年，我国的城镇化水平有了飞快发展，到2009年底，全国31个省、自治区和直辖市具有设市城市655个，城镇化水平约达46.6%[185]。我国发展城镇化，一定要走中国特色的城镇化道路，要以统筹城乡、布局合理、节约土地、功能完善、以大带小的原则，促进大中小城市和小城镇协调发展[1]。增强综合承载能力，以特大城市为依托，形成辐射作用大的城市群，培育新的经济增长极。要积极稳妥地推进城镇化，统筹城乡发展，在相当长的历史时期内，我国仍然有几亿人口生活在广大的农村，应按照推进城乡经济社会发展一体化的要求，搞好社会主义新农村建设规划，加快改善农村生产生活条件，努力建设新农村，加强农村基础设施建设和公共服务等，推进基本公共服务均等化；坚持工业反哺农业、城市支持农村和多予少取放活方针，要加大强农惠农力度，夯实农业、农村发展基础，提高农业现代化水平和农民生活水平，建设亿万农民幸福生活的美好家园[142][144]。要做到统筹城乡发展，一方面应积极稳妥推进城镇化；同时另一方面应大力建设新农村，要始终坚持走共同富裕的道路，要让全体人民都能共享改革发展成果，促进全社会的和谐稳定，其根本目的就是要让全体人民都能过上幸福美好的生活。

我们要走中国特色的城镇化道路，因为这是适合我国国情和发展规律的正确之路。城镇化是我国经济社会发展的必然趋势，也是经济发展的强劲动力，我国工业化和城镇化的推进，数以亿计农民进入城镇，创造有史以来最为巨大的国内需求，并开辟广阔的市场及发展空间，将为中国及世界经济增长提供持久、强劲的动力[186]。我们要遵循城镇化发展的客观规律，促进城镇化的健康发展。我们走的是具有中国特色的城镇化道路，要根据自身的国情，积极稳妥地推进城镇化。我国仍然处于并将长期处于社会主义初级阶段，我国是目前世界上人口最多的发展中的大国，虽然我国国内生产总值位居世界前列，但人均水平较低，我国国内生产总值人均水平只相于发达国家人均水平的 1/10 左右，中国经济已经保持 30 多年的快速增长，但是经济进一步发展将受到能源、资源和环境的制约[1][186]；我国辽阔的国土，中部、东部、西部等自地自然环境条件差别很大，自然资源分布、生态环境的差异以及各地发展历史差别等原因，造成我国各地发展不平衡，我国要走中国特色的城镇化道路，积极稳妥推进城镇化。新中国成立以来，特别是改革开放 30 多年以来，我国经济实力和综合国力已大为增强，人民生活显著改善，社会文明大幅度提升，我国已经实现了由解决温饱到总体上达到小康的历史性跨越；我国科技水平不断提高，我国各地经济建设不断发展，取得新成绩，矿产等自然资源也不断有新的发现。在党的领导下，万众一心，正在为夺取全面建设小康社会新胜利而努力奋斗，走中国特色的城镇化道路，有着广阔的发展前景。我们在积极稳妥推进城镇化的工作中，应充分注意：①要逐步完善城市化的布局和形态，以大城市为依托，以中小城市为重点，逐步形成辐射作用大的城市群，促进大中小城市和小城镇协调发展。要解决城镇化中存在的问题，例如，一些大城市中心功能区过于集中、人口增长过快、占用土地过多、特别是交通拥挤、生态环境恶化等问题；要缓解特大城市中心城区压力，强化中小城市产业功能，增强小城镇公共服务和居住功能，推进大中小城市交通、通讯、供电、供排水等基础设施一体化建设等[142][144]。②是加强城镇化的管理，将符合落户条件的农业转移人口逐步转为城镇居民，加强和改进人口管理，城镇规划和建设应以人为本、节地节能、生态环保、安全实用等以及加强城镇公共设施的建设等。③是完善符合国情的住房体制机制和政策体系，加大保障性安居工程建设力度，发展公共租赁住房，增加中低收入居民住房供应，合理引导住房需求，促进城镇等的房地产业平稳健康发展等。④是在城镇化发展过程中和建成后，都应高度重视防灾减灾工作，将城镇建设得更好，对水灾、火灾以及地质灾害等都应加强防范，建立好应急体制机制，保护人民群众的生命财产安全等。⑤是进一步做好粮食及蔬菜等的供应工作，确保饮水安全和食品安全等，加强粮、菜及制成食品等及水质的监测工作，确保质量安全。⑥是一定要保护、维护、恢复好自然生态环境、包括保护好土地资源，在城镇化过程中，包括城镇建成后，都要注意节约土地资源，充分利用好每一寸土地，把有限的土地资源充分利用、循环利用，甚至可以扩展到无限利用的空间，我国有许多乡镇做到了充分利用有限的土地资源，取得了经济效益、生态效益和社会效益等。建设生活服务功能齐全的城镇、建设低碳城镇、让民众生活在良好的生态环境和宜居的生活环境之中。于2008年9月份开工的中国、新加坡合作建设的中新天津生态城就是个很好的实例（照片2）。到2020年，中新天津生态城将基本建成，人口规模将达到35万人，绿色GDP将达到460亿元，初步实现"资源节约、环境友好、经济蓬勃、社会和谐"的建设目标，成为一座具有特色的国际性、现代化的宜居生态新城[187][188]。在城镇建设过程、包括在城市建成后，我们每个人都要永远珍爱祖国的每一

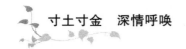

寸土地，合理利用和保护祖国的每一寸土地，珍爱和维护良好的生态环境，为我国人民和世界人民的美好生活前景，努力贡献力量吧！

本书作者的创新建议是：思考申办我国小城镇世界博览会。

照片（2）：中国—新加坡合作建设的中新天津生态城

2008 年 9 月奠基开工。

（摄于上海世博会中国馆展区照片）

中国共产党第十七次全国代表大会报告中指出："走中国特色城镇化道路，按照统筹城乡、布局合理、节约土地、功能完善、以大带小的原则，促进大中小城市和小城镇协调发展。"[1]清晰地说明了大中小城市和小城镇要协调发展，清晰地说明了走中国特色城镇化道路的重要性。"没有农村的现代化，就不可能有整个社会的现代化。我们应大力促进城乡协调发展，努力消除城乡差距，促进公共服务均等化，使广大农村成为生产发展、生活富裕、生态良好的美丽家园。"[189]我们要大力促进城乡协调发展，消除城乡差距，因为没有农村的现代化，也就不可能有整个社会的现代化；同样也说明了在城镇化过程中，走中国特色城镇化道路的重要性，在城乡协调发展中，促进大中小城市和小城镇协调发展的重要性。应进一步重视小城镇的发展，使之与大中小城市的发展更加协调。

　　建设和发展每一座小城镇，要发挥每一座小城镇的特色，一城镇一特色，使祖国大地群星灿烂。建议申办我国小城镇世界博览会，建议每3～4年举办一次，我国有名的小城镇是相当多的，而且随着统筹城乡发展，以特大城市为依托，形成辐射作用大的城市群，生态环境良好、生产发展、生活富裕的宜居小城镇越来越多，生态效益、经济效益、社会效益等俱佳的小城镇越来越广，人们喜爱居住在宜居、生活方便的小城镇，这在客观上促进解决了若干大城市交通十分拥堵、人口膨胀、环境污染、生态破坏、自然资源以及公共设施已不堪重负、人们生活非常不宜居等诸多问题；而发展宜居的小城名镇，包括发展宜居的中小卫星城市，改善当地生态和生活环境，提高当地居民住房、就医、就业、上学等的条件，人们就不会"死乞白赖"地堵在特大城市、大城市中。可见，发展宜居的小城镇包括宜居的中小卫星城市，对于促进大中小城市和小城镇的协调发展，对于增强综合承载能力都具有重大意义。建议申办举办我国小城镇世界博览会，以宜居小城镇为主，也适当吸收大中小城市参加，统筹城乡发展，宜居的小城名镇越来越发展、越来越多，逐步形成辐射作用大的城市群，培育了新的经济增长极。这样，就可能让不同规模的城市，包括小城镇，都散发出各自的魅力和芬芳，有吸引力的不该只是大城市[190]。

　　建议3～4年申办和举办一次我国的小城镇世博会，参观学习举办地的小城镇的良性生态环境、生产发展、生活富裕、独具特色的民俗、民间特色产品以及深厚的文化底蕴；又参观学习外地来参展的小城镇包括应邀参展的一些大中小城市以及国外杰出优秀的小城镇的展出资料及情况，为世界经济的发展和人民幸福和谐的生活，做出极为有益的贡献。

　　怀着热爱我们伟大祖国的忠心，为人类的福祉与和谐生活，为保护地球家园做贡献的真诚心愿，本书作者写成了《寸土寸金　深情呼唤》一书，并以"无比热爱我的祖国——中国"这首诗，作为本书的美好的结束语。

127

无比热爱我的祖国——中国

（诗作者：高　梁）

中国呵！我无比热爱您——我的祖国，

祖国的国土面积和空间广袤辽阔，

有高耸入云的巍峨群山，

有流域广阔的大江大河和众多的清澈小河，

有蔚蓝色的辽阔的海疆，

有阡陌纵横的大地土壤肥沃，

有丰收的高质量的粮食满仓满垛，

有丛丛莽莽的青翠的大森林，

有美丽的大草原如此广阔，

有洁净的湛蓝、湛蓝的天空阳光和熙，

有高大的官殿式建筑古香古色，

有万里长城壮观又雄伟，

有座座美丽的城市宜居安乐，

有田园风光秀美的农村好似群星闪烁，

有勤劳勇敢的人民和谐幸福地生活，

有全心全意为人民服务的中国共产党，

有繁荣昌盛、屹立在世界东方的新中国，

啊！那就是最可爱的伟大祖国——中国。

附　录

　　本书在若干章节里，为了叙述文中内容，说明其清晰的数量概念，引用了一些有关的法定计量单位。在该章节中，有的计量单位已经作了文字解释，这里，对于本书经常引用的法定计量单位及习惯上还在使用的计量单位，再统一作出说明，以便于尊敬的读者们在阅读本书时，有更加明晰的计量数量概念。

　　长度：1 米 metre（m）。

　　厘米 centimetre（cm）（1/100 米）。

　　毫米 millimetre（cm）（1/1 000 米）。

　　千米 kilometre（km）（1 000 米）。

　　（有些刊登的资料中，将千米仍然以公里表示，即：1 千米为 1 公里，请注意。1 海里＝1.852 千米，也就是 1.852 公里）。

百米 hectometre（hm），（100 米）。

　　面积：公顷 hectare，1 公顷等于 1 万平方米（有的资料中仍然用亩，即市亩表述面积，1 市亩等于 666.7 平方米，所以 1 公顷等于 15 市亩，即通常说的 15 亩）。

1 平方千米，即 1 平方公里，1 平方公里等于 1 百万平方米（也就是 1 平方公里等于 100 公顷，即 1 平方公里等于 1 500 亩）。

　　重量：克 gramme（g），（1/1 000 公斤）。千克 kilogramme（kg），1 千克（1 000 克）为 1 公斤，1 公斤等于 2 市斤。

吨 tonne（t），即 1 000 公斤，也就是等于 2 000 市斤。

后　记

笔者在祖国一些县份出差过程中，曾有好几位县委书记向我说过：在谈工作或者向群众普及科技知识时，经常会有群众问到什么叫生态环境等有关问题，并希望我能够写出有关专著，该专著一定会受到群众欢迎，也一定会成为人们喜闻乐见的畅销书。我想，这正是经济建设工作的需要，也是学习型社会的需要，在深入学习和贯彻落实科学发展观中，我立下决心，一定要抽出时间写一本这方面的专著，以飨读者，为社会主义新农村建设事业做贡献。

在本书的写作过程中，得到了许多同志的热心帮助。中国农业科学院科技局局长王小虎同志，在繁忙的日常工作中，多次关心本书的编著，热心鼓励作者将有关科技知识和实践经验留给社会，留给后人，为社会主义建设做贡献；使我这位耄耋老人也受到鼓舞，更加努力写作。农业部环保科研监测所党委书记兼所长高尚宾同志真诚鼓励本书的写作，尽管日常工作很繁忙，他还抽出时间鼓励作者努力写作，为国家奉献出更好的作品。中国农业科学技术出版社原社长李思经同志和现社长李锁平同志都大力支持本书的写作与出版工作，总编辑黄卫同志还率先给作者打来电话约稿本书。农业部环保科研监测所原党委副书记、副所长牛力平同志、中国农业科学院院离退休办公室李增玉主任和闫长青同志都大力鼓励作者写好本书，热心支持本书的出版。本书中的黑白素描科技插图，均为研究生孙喆同志绘画。

笔者谨向以上各位领导和同志们表示衷心感谢，一定不辜负敬爱的党组织和同志们的支持与鼓励，写好本书，为国家和社会多做贡献。

在即将结束本书后记写作之间，本书作者认为还应记述以下各位先

生：学者王静淑老先生和高滁生老先生谆谆教导我一定永远忠诚于祖国、报效祖国，好好写作，写出好作品，两位老先生已经先后辞世，未能见到本书出版。柴闿高级工程师曾大力鼓励支持我写作，柴闿同志也已经病逝而未能见到本书出版。国家一级作家柴德森先生曾热心鼓励本书作者写作，多出书、出好书，为伟大祖国做贡献，柴德森先生已经病逝，也不能见到本书的出版了。本书作者于此，深情怀念以上各位先生，并致深深的纪念与感谢之意。

　　仓促的人生，可以说是一闪而过，从童年到青年、中年和老年，从满头乌丝到白发苍苍的老者，珍贵的人生是多么仓促又是多么从容啊！让我们在中国共产党的英明领导下，全心全意为人民服务，深入贯彻落实科学发展观，高举中国特色社会主义的伟大旗帜，为夺取全面建设小康社会的新胜利而努力奋斗。

本书作者：高粱

2011 年 2 月 28 日

学习参考文献资料

［1］胡锦涛：高举中国特色社会主义伟大旗帜，为夺取全面建设小康社会新胜利而奋斗——在中国共产党第十七次全国代表大会上的报告（2007 年 10 月 15 日），第 1 版，第 2～5 页，12～25 页，40～56 页，北京：人民出版社（北京），2007 年。

［2］本报评论员：爱国就要爱土地，人民日报，1997 年 6 月 25 日，第 3 版。

［3］朱剑江：2008 年 GDP 增长 9%，人民日报，2009 年 1 月 23 日，第 1 版。

［4］新华社电：全球经济，中国"一枝独秀"，城市快报，2009 年 1 月 23 日，第 14 版。

［5］马小宁、吕鸿："中国在全球经济中作用超越排名"（沈丁立：专家点评），人民日报，2009 年 1 月 19 日，第 6 版。

［6］人民日报北京电：中共中央政治局召开会议，听取中央政治局常委参加深入学习实践科学发展观活动专题民主生活会情况的通报，人民日报，2009 年 1 月 24 日，第 1 版。

［7］新华社北京电：在两院院士大会上，胡锦涛主席的讲话，天津日报，2004 年 6 月 3 日，第 1～2 版。

［8］高粱等编著：环境保护与农业丰收，第 1 版，第 1～5 页，27～39 页，40～47 页，49～61 页，74～79 页，87～96 页，118～136 页，149～156 页，天津：天津科技翻译出版公司（天津），1994 年。

［9］仁敏：一堂特殊的中国国情课，天津老年时报，2008 年 5 月 28 日，第 9 版。

［10］王敬国主编：资源与环境概论，第 1～13 页，24～43 页，北京：中国农业大学出版社（北京），2000 年。

［11］中国社会科学院环境与发展研究中心（郑易生等主编）：中国环境与发展评论（第一卷），第 1 版，第 117～129 页，144～145 页，161～174 页，175～190 页，北京：社会科学文献出版社（北京），2001 年。

［12］温家宝：用发展的眼光看中国——在剑桥大学的演讲（2009 年 2 月 2 日，英国剑桥），人民日报，2009 年 2 月 4 日，第 3 版。

［13］晋淑兰等主编：中国地图册，第1版，第1页前，北京：中国地图出版社（北京），2003年。

［14］高梁著：热带土壤的定位研究，第1版，第1～7页，天津：天津科技翻译出版公司（天津），1995年。

［15］星球地图出版社编：中国地图册，第2版，第4～5页，北京：星球地图出版社（北京）2005年。

［16］地质出版社地图编辑一室编制：中国地图册（美景图书），第4版，第168页，北京：地质出版社（北京），2008年。

［17］《中国自然地理》编写组：中国自然地理，第2版，第35页，北京：高等教育出版社（北京），1984年。

［18］席来旺、吴云：我代表介绍中国有关人口与发展工作，人民日报，2009年4月2日，第6版。

［19］《中国自然保护纲要》编写委员会编：中国自然保护纲要，第1版，第17～26页，40～47页，北京：中国环境科学出版社（北京），1987年。

［20］张宝莉主编：农业环境保护，第1版，第27～34页，143页，北京：化学工业出版社（北京），2002年。

［21］新华社北京电：全国土地利用总体规划纲要（2006～2020年），人民日报，2008年10月24日，第13版。

［22］本报评论员：统筹协调土地利用，保障促进科学发展——写在《全国土地利用总体规划纲要（2006～2020年）》发布之际，人民日报，2008年10月24日，第13版。

［23］夏珺：我国耕地净减少速度放缓，人民日报，2009年2月27日，第1版。

［24］潘跃：唤起全国防灾减灾意识——民政部有关负责人就我国首个"防灾减灾日"答记者问，人民日报，2009年3月3日，第14版。

［25］谢登科：李克强出席国土资源战略研究专家座谈会强调：国土资源战略研究要为宏观决策提供科学依据，人民日报，2009年2月28日，第1版。

［26］中华人民共和国民政部编：中华人民共和国行政区划简册，第1版，第1～8页，北京：中国地图出版社（北京）（2007年版），2007年3月。

［27］新华社北京电：全面建设小康社会、基本实现现代化、巩固和发展社会主义制度的重要性、长期性、艰巨性，人民日报，2008年2月8日，第4版。

［28］人民日报社、中国作家协会："放歌60年"征文启事，人民日报，2009年3月

2 日，第 16 版。

　　[29] 张子桢主编：地理基础知识，第 1 版，第 5 ~ 24 页，81 ~ 83 页，第 227 页，北京：中国青年出版社（北京），1985 年。

　　[30] 李立主编：干部基础知识荟萃，第 1 版，第 169 页，北京：电子工业出版社（北京），1984 年。

　　[31] 徐绍史：认识地球，保障发展，了解我们的家园深部，人民日报，2009 年 4 月 22 日，第 8 版。

　　[32] 周敏主编：世界地图册，第 3 版，第 1 ~ 3 页，22 ~ 23 页，30 ~ 31 页，43 ~ 44 页，46 ~ 47 页，51 ~ 52 页，56 页，北京：中国地图出版社（北京），2008 年。

　　[33] 中国地图出版社编制（重版修订：黄秀莲等）：世界地图册，第 3 版，第 1 ~ 2 页，第 48 ~ 49 页，北京：中国地图出版社（北京），1992 年。

　　[34] 刘泽纯主编：人类的家园——地球，第 1 版，第 1 ~ 8 页，92 页，江苏科技出版社（南京），1998 年。

　　[35] 刘伉等编：世界自然地理手册，第 1 版，第 1 ~ 4 页，78 页，142 ~ 146 页，355 页，北京：知识出版社（北京），1981 年。

　　[36] 林先盛等编：简明地理手册，第 1 版，第 7 页，26 ~ 27 页，140 ~ 141 页，148 页，327 ~ 328 页，407 页，458 ~ 460 页，527 ~ 528 页，南宁：广西人民出版社（南宁），1984 年。

　　[37] 郑云山等主编：中外史地知识手册，第 1 版，第 594 ~ 595 页，601 页，上海：上海人民出版社（上海），1984 年。

　　[38] 江宇等编写：地理小词典，第 1 版，第 16 ~ 17 页，44 页，80 页，93 页，105 ~ 106 页，115 ~ 116 页，129 ~ 130 页，174 ~ 175 页，195 页，223 ~ 224 页，236 页，269 页，285 页，上海：上海辞书出版社（上海），1989 年。

　　[39] 雷万鹏：漫话世界之最，第 1 版，第 77 ~ 80 页，西安：陕西人民出版社（西安），1981 年。

　　[40] 人民教育出版社地理室编：地理，第 2 版，第 37 ~ 39 页，52 ~ 57 页，96 ~ 99 页，北京：人民教育出版社（北京），1985 年。

　　[41] 科学出版社：简明农业词典（气象分册），第 1 版，第 28 ~ 29 页，北京：科学出版社（北京），1978 年。

　　[42] 张俊民等：中国的土壤，第 1 版，第 2 ~ 9 页，北京：商务印书馆（北京），

1996 年。

[43] 袁宝珊主编：简明环境科学辞典，第 1 版，第 28 ~ 29 页，33 ~ 34 页，166 ~ 167 页，兰州：甘肃人民出版社（兰州），1981 年。

[44] 黄瑞采编著：土壤学，第 1 版，第 3 ~ 5 页，上海：科学技术出版社（上海），1958 年。

[45] 南京大学等编：地理学词典，第 1 版，第 38 页，195 ~ 201 页，258 ~ 261 页，323 页，395 页，563 ~ 564 页，上海：上海辞书出版社（上海），1983 年。

[46] 新华社电：新年首场水星大距，4 日上演可供观测，城市快报，2009 年 1 月 4 日，第 3 版。

[47] 新华社电：太阳系远不止 9 行星，天文学家提议增加 3 颗，城市快报，2006 年 8 月 17 日，第 10 版。

[48] 《大千世界》（辽源日报主办）：元素周期表将添新成员，2009 年 7 月 12 日，第 12 版。

[49] 吴正：中国的沙漠，第 1 版，第 1 ~ 6 页，北京：商务印书馆（北京），1995 年。

[50] 《中华人民共和国防沙治沙法》，第 1 版，第 3 ~ 4 页，北京：法律出版社（北京），2001 年。

[51] 贾治邦：加强防沙治沙，建设生态文明，人民日报，2008 年 6 月 17 日，第 11 版。

[52] 本报评论员：防沙治沙任重道远，人民日报，2008 年 6 月 17 日，第 11 版。

[53] 高粱：湿地的风采，今晚报，2002 年 3 月 28 日，第 20 版。

[54] 人民日报编者：关注湿地保护，人民日报，2009 年 2 月 3 日，第 9 版。

[55] 贾治邦：加强湿地保护，维护生态平衡，人民日报，2009 年 2 月 3 日，第 9 版。

[56] 专家分析，属浅源地震破坏力度较大，城市快报，2008 年 5 月 13 日，第 9 版。

[57] 何谓震源、震中、震级烈度，城市快报，2008 年 5 月 22 日，第 10 版。

[58] 宗和：国外五次惊天大地震，天津老年时报，2008 年 5 月 16 日，第 8 版。

[59] 灾情·心碎瞬间，城市快报，2008 年 5 月 21 日，第 6 版。

[60] 中华人民共和国环境保护法，第 1 版，第 1 页，北京：中国法制出版社（北京），2001 年。

[61] 郑新奇："生态环境" 刍议，中国环境报，1988 年 11 月 24 日，第 3 版。

〔62〕本书编写组：深入学习实践科学发展观辅导百问，第1版，第33~34页，59~61页，114~115页，163~171页，北京：中共党史出版社（北京），2008年。

〔63〕李文华等：中国的自然保护区，第1版，第5~16页，北京：商务印书馆（北京），1996年。

〔64〕中华人民共和国国家统计局：中华人民共和国2008年国民经济和社会发展统计公报，人民日报，2009年2月27日，第7~8版。

〔65〕张从主编：农业环境保护概论，第1版，第101页，北京：中国农业大学出版社（北京），1999年。

〔66〕曲格平主编：环境保护知识读本，第1版，第15~19页，28~43页，47~60页，77~85页，109~117页，146页，北京：红旗出版社（北京），1999年。

〔67〕解振华：中国挑战控制排放极限，人民日报，2010年1月6日，第18版。

〔68〕余建斌：半个渤海冻住了，人民日报，2010年1月24日，第4版。

〔69〕王庚辰：北半球寒冬与全球变暖，人民日报，2010年1月15日，第22版。

〔70〕买永彬等著：农业环境学，第1版，第134~136页，204~206页，北京：中国农业出版社（北京），1994年。

〔71〕本报评论员：共同保护臭氧层，中国环境报，1992年8月11日，第1版。

〔72〕王豪编著：生态·环境知识读本，第1版，第2页，13页，北京：化学工业出版社（北京），1999年。

〔73〕白敏怡等：专家解读气候异常原因，城市快报，2010年1月10日，第2版。

〔74〕宗和：九大气候事件将危及人类安全，天津老年时报，2008年2月20日，第8版。

〔75〕郑国光：我国正在经历一场历史罕见低温雨雪冰冻灾害，人民日报，2008年2月4日，第8版。

〔76〕全国绿化委员会办公室：2009年中国国土绿化状况公报（摘要），人民日报，2010年3月12日，第15版。

〔77〕李爱贞编著：生态环境保护概念，第1版，第41~78页，131~137页，159~163页，北京：气象出版社（北京），2001年。

〔78〕程康等：今春沙尘暴可能性为零，城市快报，2005年4月7日，第1版。

〔79〕新华社电：北京夜降黄沙30万吨（沙尘天气等级及防护），城市快报，2006年4月18日，第5版。

[80] 刘毅：今年我国沙尘次数将超去年，人民日报，2008 年 3 月 19 日，第 5 版。

[81] 刘毅：近期沙尘多数来自境外，人民日报，2010 年 4 月 2 日，第 9 版。

[82] 白敏怡：关注预报提前准备，沙尘天气尽量别外出，城市快报，2010 年 3 月 26 日，第 9 版。

[83] 黄卫：沙尘起，快穿保护衣，城市快报，2004 年 4 月 3 日，第 25 版。

[84]《北京日报》报道：沙尘暴百害有一利，今晚报 2003 年 2 月 13 日（责编池秋萍），第 3 版。

[85] 王箴主编：化工辞典（第二版），第 416 页，北京：化学工业出版社（北京），1985 年。

[86] 陕西省农业环保协会、陕西省农业环保监测站编（薛澄泽主编）：农业环境污染及其防治，西安：陕西科技出版社（西安），1988 年。

[87] 张宝莉主编：农业环境保护，第 1 版，第 13 页，125～126 页，北京：化学工业出版社（北京），2002 年。

[88] 十一届全国人大三次会议举行记者会，三部门谈节能减排和应对气候变化："十一五"二氧化硫减排目标提前完成，人民日报，2010 年 3 月 11 日，第 2 版。

[89] 新华社北京电：《消耗臭氧层物质管理条例》，人民日报，2010 年 4 月 28 日，第 15 版。

[90] 张金江：保护生物多样性刻不容缓，人民日报，2009 年 5 月 4 日，第 6 版。

[91] 朱幼棣等：我国生物多样性居世界第八，人民日报，1990 年 12 月 3 日，第 3 版。

[92] 孙秀艳：人类发展离不开生物多样性（访生物多样性保护专家金鉴明），人民日报，2010 年 5 月 20 日，第 20 版。

[93] 新华社北京电：李克强在国际生物多样性年中国国家委员会全体会议上强调：保护生物多样性，推进生态文明建设，人民日报 2010 年 5 月 20 日，第 1 版、第 4 版。

[94] 周生贤：保护生物多样性，创造发展新优势，人民日报，2010 年 5 月 22 日，第 6 版。

[95] 田伟等：低碳经济是经济发展的大趋势，人民日报，2010 年 3 月 18 日，第 7 版。

[96] 文晓巍等：物流业在发展低碳经济中可以大有作为，人民日报，2010 年 4 月 28 日，第 8 版。

［97］中华人民共和国循环经济促进法（2008年8月29日第十一届全国人民代表大会常务委员会第四次会议通过），人民日报，2008年9月2日，第14版。

［98］新华社北京电：李克强考察循环经济试点企业并召开座谈会时强调：加快推广循环经济，着力推动绿色发展，人民日报，2010年5月15日，第1版、第2版。

［99］北京师范大学国家基础教育课程标准实验教材总编委会组编（王民主编），环境保护，第2版，第20页，28页，35页，北京：中国地图出版社（北京），2007年。

［100］本书编写组编著：十七大报告学习辅导百问，第1版，第81～83页，学习出版社，北京：党建读物出版社（北京），2007年。

［101］中华人民共和国国家统计局：中华人民共和国2009年国民经济和社会发展统计公报，人民日报，2010年2月26日，第15～16版。

［102］温家宝：政府工作报告（2010年3月5日在第十一届全国人民代表大会第三次会议上），人民日报，2010年3月16日，第1～3版。

［103］崔华芳主编：大学生必知基本科学常识，第1版，第293～300页，北京：中国时代经济出版社（北京），2003年。

［104］全国干部培训教材编审指导委员会组织编写（主编：朱丽兰）：21世纪干部科技修养必备，第1版，第199～210页，北京：人民出版社（北京），2002年。

［105］吕学都：提高能源效率，最现实的选择，人民日报，2010年6月3日，第16版。

［106］新华社北京电：2040年我国能源消费将实现零增长，每日新报，2001年11月6日，第11版。

［107］鲍丹：我国可再生能源占一次能源比重达9%（国家发改委副主任解振华讲话），人民日报，2010年5月9日，第3版。

［108］刘毅：风能资源详查结果公布，我国风能开发潜力逾25亿千瓦，人民日报，2010年1月5日，第10版。

［109］两会关注（责编：李囡）：国家能源局局长张国宝详解能源热点问题，城市快报，2010年3月3日，第3版。

［110］徐秉君：让地球真正回归"绿色"，人民日报，2010年6月17日，第21版。

［111］张旭东等：李克强出席绿色经济与应对气候变化国际合作会议时强调：推动绿色发展，促进世界经济健康复苏和可持续发展，人民日报，2010年5月9日，第1版、第3版。

[112] 孙衔等编：简明新技术革命知识辞典，第1版，第143～144页，吉林科技出版社，1985年。

[113] 王丽：教您如何看空气污染指数，城市快报，2006年1月9日，第11版。

[114] 白敏怡：空气质量等级如何"出炉"城市快报，2009年3月24日，第9版。

[115] 杨光忠编著：环境保护实用知识手册，第1版，第3～4页，8～10页，26～27页，97～106页，北京：中国环境科学出版社（北京），2003年。

[116] 武卫政：第一次全国污染源普查总结表彰电视电话会召开，人民日报，2010年4月13日，第4版。

[117] 魏贺：整治油烟污染有多难（背景链接：油烟危害大），人民日报，2010年8月12日，第20版。

[118] 林绍韩等著：环境科学知识问答，第1版，第54～55页，66～67页，192～193页，233～235页，成都：四川科技出版社（成都），1985年。

[119] 环境科学编辑委员会：中国大百科全书（环境科学），1版，第357页，369～370页，北京：中国大百科全书出版社（北京·上海），1983年。

[120] 本报胡洪江及新华社报道：泥石流凶猛，须防上加防，人民日报，2010年8月19日，第9版。

[121] 新华社北京电：胡锦涛、温家宝对甘肃舟曲特大泥石流灾害抢险作出重要指示：要求确保人民生命安全，妥善安排灾区群众生活，人民日报，2010年8月9日，第1版。

[122] 新华社北京电：中共中央政治局常务委员会召开会议，全面部署甘肃舟曲特大山洪泥石流灾害抢险救援工作，人民日报，2010年8月11日，第1版。

[123] 新华社电：国务院办公厅印发《关于有序做好支援甘肃舟曲灾区有关工作的通知》，城市快报，2010年8月11日，第3版。

[124] 夏珺：国土资源部地质环境司有关专家谈如何预防地质灾害，人民日报，2010年8月14日，第5版。

[125] 黄庆畅等：筑牢法律堤坝，缓解水土流失，人民日报，2010年8月26日，第11版。

[126] 新华社电：我国水土流失最新现状基本摸清，646县情况极严重，城市快报，2009年1月30日，第3版。

[127] 专家说法（责编：孙亚男）：噪声长期刺激，危害人体健康，城市快报，2010

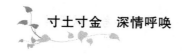

年 9 月 6 日，第 12 版。

[128]《中共中央国务院关于加快林业发展的决定》，天津日报，2003 年 9 月 11 日，第 1~3 版。

[129] 孙秀艳等：电磁辐射可怕吗，人民日报，2010 年 8 月 26 日，第 17 版。

[130] 孙秀艳、王维平等：垃圾围城，如何突围，人民日报，2010 年 1 月 20 日，第 13 版。

[131] 民建宁夏区委：利用城市生活垃圾发电，人民日报，2010 年 5 月 5 日，第 20 版。

[132] 俞懿春：谨防"垃圾围村"，人民日报，2010 年 4 月 4 日，第 5 版。

[133] 孙秀艳：15 亿元"撬动"农村环保，人民日报，2010 年 1 月 14 日，第 20 版。

[134] 刘成友：有了"黄马甲"，村容变化大，人民日报，2010 年 6 月 6 日，第 7 版。

[135] 耿海军：解垃圾之困，可向日本学习，人民日报，2010 年 4 月 6 日，第 19 版。

[136] 孙秀艳等：北京：垃圾减量难在哪儿，人民日报，2010 年 6 月 17 日，第 17 版。

[137] 孙秀艳：垃圾焚烧厂可怕吗，人民日报，2010 年 7 月 8 日，第 20 版。

[138] 潘少军：餐厨垃圾怎样变成资源，人民日报，2010 年 8 月 19 日，第 20 版。

[139] 朱中平等编：绿色食品实用手册（一），第 1 版，第 1~7 页，北京：中国物资出版社（北京），2002 年。

[140] 马逊风等编著：食品安全与生态风险，第 1 版，第 205~263 页，269 页，北京：化学工业出版社等（北京），2003 年。

[141] 高云才：我国绿色食品产量接近亿吨，人民日报，2010 年 6 月 21 日，第 10 版。

[142] 温家宝：关于制定国民经济和社会发展第十二个五年规划建议的说明，人民日报，2010 年 10 月 29 日，第 1~2 版。

[143] 新华社北京电：中国共产党第十七届中央委员会第五次全体会议公报，人民日报，2010 年 10 月 19 日，第 1 版。

[144] 新华社北京电：《中共中央关于制定国民经济和社会发展第十二个五年规划的建议》（2010 年 10 月 18 日中国共产党第十七届中央委员会第五次全体会议通过），人民日报，2010 年 10 月 28 日，第 1 版、第 5 版、第 6 版。

[145] 陈锡文：农业现代化要找准着力点，人民日报，2010 年 11 月 3 日，第 20 版。

［146］新华社北京电：胡锦涛在中共中央政治局第十一次集体学习时强调，坚定不移走中同特色农业现代化道路，全力保持农业农村经济持续稳定发展，人民日报，2009 年 1 月 25 日，第 1 版。

［147］据新华社：2050 年世界人口将突破 94 亿，中老年时报，2010 年 8 月 4 日，第 4 版。

［148］全国人大编：《中华人民共和国宪法》，第 1 版，第 44 页，北京：中国法制出版社（北京），2004 年。

［149］王炜：我国城镇加速，水平已达 46.59%，人民日报，2010 年 6 月 2 日，第 13 版。

［150］新华社北京电：温家宝主持召开国务院常务会议，审议并原则通过《全国主体功能区规划》，人民日报，2010 年 6 月 13 日，第 1 版、第 4 版。

［151］朱隽：国家发展改革委有关负责人就《国家粮食安全中长期规划纲要》答记者问，人民日报，2008 年 11 月 14 日，第 11 版。

［152］冯华：农业发展赶上了"黄金时期"（农业部部长韩长赋回顾"十一五"展望"十二五"），人民日报，2010 年 12 月 8 日，第 7 版。

［153］尹昌斌：让世界远离饥饿，人民日报，2009 年 11 月 24 日，第 3 版。

［154］新华社电：2009 拷问人类生存之"危"，城市快报，2009 年 12 月 22 日，第 5 版。

［155］杨洁勉：推动复苏，不能忽视发展问题，人民日报，2010 年 8 月 2 日，第 23 版。

［156］本报联合国电（席来旺等）：享有清洁饮水和卫生设施是一项人权，人民日报，2010 年 7 月 30 日，第 22 版。

［157］新华社北京电：李克强出席做好人口计生工作座谈会指出：统筹解决人口问题，促进可持续发展，人民日报，2010 年 9 月 22 日，第 1 版、第 2 版。

［158］本报评论员：统筹解决人口问题，促进人口长期均衡发展——纪念中共中央发表《公开信》三十周年，人民日报，2010 年 9 月 25 日，第 3 版。

［159］郭玲：改革开放 30 个关键词（1980·计划生育），津城首倡"只生一个"，城市快报，2008 年 9 月 9 日，第 6 版。

［160］北京晨报专电：2020 年我国总人口将达 14.5 亿，城市快报，2008 年 10 月 24 日，第 4 版。

［161］王丽：本市 2018 年实现人口"零增长"，城市快报，2010 年 7 月 29 日，第 2 版。

［162］责编（沈露佳等）：中国已不再"地大物博"，中老年时报，2010 年 7 月 9 日，第 3 版。

［163］李晓宏：走向人力资源强国，人民日报，2010 年 9 月 25 日，第 3 版。

［164］夏珺：耕地保护为粮食安全打牢基础，人民日报，2010 年 12 月 3 日，第 1 版。

［165］本报北京电（朱剑红）：我国粮食产量"七连增"，人民日报，2010 年 12 月 4 日，第 1 版。

［166］新华社电：温家宝主持召开国务院常务会议，听取《中国农村扶贫开发纲要（2001～2010）》实施情况汇报，人民日报，2010 年 2 月 11 日，第 1 版、第 2 版。

［167］贾治邦：加强防沙治沙，造福人民群众，人民日报，2010 年 6 月 17 日，第 10 版。

［168］本报山西朔州电（武卫政）：京津地区沙尘天气明显减少，人民日报，2010 年 8 月 9 日，第 1 版。

［169］本报武汉电（杜若源）：长江全流域，首次实现水土流失由增到减，人民日报，2009 年 12 月 4 日第 5 版。

［170］本报北京电（朱隽）：农村民生工程建设步伐加快，人民日报，2010 年 9 月 14 日，第 1 版。

［171］王丽：中国科学院昨天发布《中国科学发展报告 2010》，本市 2018 年实现人口"零增长"，城市快报，2010 年 7 月 29 日，第 2 版。

［172］游劝荣：法律体系的"中国特色"，人民日报，2010 年 6 月 30 日，第 17 版。

［173］顾瑞珍：摸清污染源"家底"，为经济发展保驾护航，人民日报，2010 年 2 月 10 日，第 15 版。

［174］本报北京电（孙秀艳）：第一次全国污染源普查结果发布，人民日报，2010 年 2 月 10 日，第 15 版。

［175］孙秀艳：11 亿个数据告诉我们什么，人民日报，2010 年 2 月 10 日，第 15 版。

［176］武卫政：好好管一管重金属污染，人民日报，2010 年 1 月 21 日，第 20 版。

［177］孙秀艳：强力推进农业源污染治理，人民日报，2010 年 2 月 10 日，第 15 版。

［178］回良玉：在全国防汛抗旱暨舟曲抢险救灾总结表彰大会上的讲话，人民日报，2010 年，12 月 8 日，第 5 版。

［179］冯华：农业生产应加强风险管理，人民日报，2010 年 5 月 30 日，第 6 版。

［180］社论：风雨见证伟大的精神，人民日报，2010 年 12 月 8 日，第 1 版。

［181］国家粮食安全中长期规划纲要（2008～2020 年），人民日报，2008 年 11 月 14 日，第 10～11 版。

［182］郑国光：如何加固气象防灾"短板"，人民日报，2010 年 4 月 12 日，第 13 版。

［183］武卫政：中国环保探索新道路（环保部部长周生贤回顾"十一五"展望"十二五"），人民日报，2010 年 11 月 29 日，第 6 版。

［184］韩长赋：加快发展现代农业，人民日报，2010 年 11 月 22 日，第 7 版。

［185］新华社电：我国城镇化建设提速，2020 年一半人住城市，城市快报，2010 年 5 月 12 日，第 4 版。

［186］温家宝：认识一个真实的中国，人民日报，2010 年 9 月 25 日，第 2 版。

［187］住房和城乡建设部：深入生态环保合作，人民日报，2010 年 7 月 23 日，第 23 版。

［188］宗国英：可持续发展的活力新城，人民日报，2010 年 7 月 23 日，第 23 版。

［189］温家宝：让世博精神发扬光大，人民日报，2010 年 11 月 1 日，第 2 版。

［190］曲哲涵：有吸引力的不该只是大城市，人民日报，2010 年 12 月 23 日，第 18 版。

［191］中共中央国务院关于加快水利改革发展的决定（2010 年 12 月 31 日），人民日报，2011 年 1 月 30 日，第 1～2 版。

作者简介

高粱：北京人，1935 年 11 月生，中共党员，毕业于北京农业大学（现中国农业大学），中国科普作家协会会员、科普作家，天津市作家协会会员、作家，中国农业科学院环保所研究员、教授，中国生态学会、中国土壤学会、中国农学会、中国农业生态环保协会会员，中国农业环保协会原副秘书长，中国贫困地区文化促进会科教培训站原站长。著有《热带土壤的定位研究》、科普小说《恋土》、编著有《环境保护与农业丰收》《稀土农用的研究与实践》《锌素营养与作物丰收》等多部著作，创作并发表了大量科技论文及科普文章、多篇多部作品获奖。业绩被载入《中国专家大辞典》《共和国农业专家名人录》《中国专家人名辞典（天津卷）》等书中。本书作者不过是沧海中的一小滴水，而且现已进入耄耋之年，作者努力汇集了有关知识、自身工作的实践经验与理论创新见解，写成了本书，衷心希望本书对尊敬的读者们有用。